La nuova diagonale

114

Franco Farinelli

L'invenzione della Terra

Sellerio editore
Palermo

e-mail: info@sellerio.it
www.sellerio.it

2007 Prima edizione «Alle 8 della sera»

2016 Prima edizione «La nuova diagonale»

2021 Terza edizione

Questo volume è stato stampato su carta Arena Ivory Smooth prodotta dalle Cartiere Fedrigoni con materie prime provenienti da gestione forestale sostenibile.

Farinelli, Franco ‹1948›

L'invenzione della Terra / Franco Farinelli. - Palermo: Sellerio, 2016.
(La nuova diagonale ; 114)
EAN 978-88-389-3551-0.
1. Geografia.
910.01 CDD-23

CIP – *Biblioteca centrale della Regione siciliana «Alberto Bombace»*

Indice

L'invenzione della Terra

L'invenzione della Terra

I
Le due forme della Terra

Un giorno, leggendo la *Divina Commedia*, un filosofo si accorse di qualcosa che gli parve straordinario. È chiaro che per Dante la Terra è una sfera: egli inizia il proprio viaggio all'alba di un venerdì, attraversa tutta la Terra e a mezzogiorno del mercoledì successivo sbuca dall'altra parte a «riveder le stelle», come abbiamo appreso fin da piccoli. Dunque la Terra per Dante ha senza dubbio una forma sferica. Però, argomentava il filosofo, a farvi caso questo non è più vero quando si tratta delle azioni descritte nel poema. Il mondo di Dante non è ancora quello che per noi il mondo è: una struttura infinita, dove la posizione dell'uomo e della Terra abitata dall'uomo è marginale, periferica, assolutamente trascurabile rispetto alla vastità dell'universo. Il mondo di Dante, il Cosmo, è ancora il marchingegno finito, composto di sfere concentriche, descritto da Aristotele. E, d'altra parte, il mondo che Dante descrive non è nemmeno il mondo capovolto cui tante descrizioni medievali, ma anche della prima epoca moderna, ci hanno abituato: il mondo dove tutto funziona all'incontrario, dove le fontane buttano vino, dove per esempio, come Boccaccio nel *Decameron* descrive, vi sono montagne di parmigiano o dove le vigne sono legate con le salsicce, come voleva Rabelais. E il mondo di Dante non è nemmeno il mondo virtuale come noi adesso possiamo figurarcelo, retto da uno di quei paradossi metafisici che la fisica moderna ci permette di pensare, un mondo dove le dimensioni sono due e non tre, oppure dieci. Il mondo di Dante è un mondo dove le dimensioni restano tre, come è di regola per la nostra esperienza quotidiana. Ma l'Universo di Dante, continuava il filosofo, è un Universo dove la Terra è piatta e ferma e dunque finisce con l'essere, o almeno con l'apparire, proprio il contrario di quella che dal punto di vista astronomico si sa che è e dovrebbe continuare a restare: non più rotonda, non più in movimento, ma immobile e soprattutto spianata come un tavolo da bigliardo. Altrimenti, incalzava il filosofo, non ci sarebbero nemmeno le nostre passioni, perché non potremmo continuare a commuoverci di fronte a un'opera letteraria, magari molto antica. Perché? Perché quello che prima di tutto ci permette di riconoscerci nelle creazioni artistiche di chi ci ha preceduto è la comune, fondamentale convenzione per la quale la Terra non si muove, ma è invece ferma, stabile e piana. Così concludeva il filosofo, la cui versione era già stata da altri sostenuta nella filosofia del Novecento. Dunque per la nostra quotidiana attuale esperienza, ma anche per la filosofia, la Terra (paradossalmente rispetto a tutto quello che oggi sappiamo) è un piatto immobile.

Entra in campo, dopo il filosofo, lo storico della scienza, che dice che non è vero per niente quello che il filosofo pensa. Egli ricorda una verità indiscutibile: prima di Cristoforo Colombo la Terra non era pensata affatto ferma e piatta, come il filosofo invece pretende. L'idea che la scoperta dell'America abbia comportato quella della sfericità della Terra è «assolutamente una bufala», una grande bugia che ha la sua ragione in certe moderne polemiche tra scienza e fede. Ma tutti coloro che avessero letto un libro, continua in polemica con il filosofo lo storico della scienza, sapevano perfettamente e da sempre che la Terra era rotonda: da Pitagora, cioè dal VI secolo a.C., fino a Keplero, passando per Aristotele, Euclide, Aristarco, Strabone, Tolomeo, fino ai padri della Chiesa, dunque Lattanzio, Agostino, Alberto Magno e poi Tommaso, e poi ancora gli scienziati moderni, Copernico, Galileo, e l'elenco potrebbe continuare.
Su qualcuno di questi nomi, tutti molto interessanti, ci sarebbe da discutere. Prima di tutti su Lattanzio, che vive tra III e IV secolo d.C., perché fino alla metà del Cinquecento è stato il punto di riferimento per tutti coloro, uomini di fede ma anche di riflessione, che non credevano agli antipodi, a quel paradosso (che pure le scoperte geografiche rendevano sempre più necessario) per cui nell'altro emisfero esistevano uomini che non stavano con i piedi per aria e la testa in giù ma che, esattamente come noi, poggiavano sul suolo terrestre. Contro la posizione di Lattanzio, al riguardo scettica, ancora Copernico dovrà polemizzare. Più sfumata e diplo-

matica invece era stata, qualche decennio dopo Lattanzio, la posizione di Sant'Agostino. Per Agostino, che il partito della Terra piatta ascrive a se stesso, ma che in realtà nei suoi scritti non nega decisamente la possibilità della forma sferica della Terra, il problema degli antipodi veniva risolto negando la possibilità pratico-storica della sua posizione: l'Oceano era troppo vasto e la terra emersa troppo piccola per poter pensare che l'umanità, che naturalmente discendeva tutta quanta da Adamo, fosse stata in grado di attraversare la distesa d'acqua per insediarsi nell'emisfero opposto al nostro. In ogni caso, chiude dal suo punto di vista lo storico della scienza, non è affatto vero che ai tempi di Dante e prima del viaggio di Cristoforo Colombo, dunque prima della modernità, si pensava che la Terra fosse piatta. Almeno in Occidente si era sempre saputo, in ogni cultura e in ogni epoca, che la Terra fosse una sfera e almeno dal VI secolo d.C. prove astronomiche della sfericità della Terra erano state continuamente prodotte. Chi dunque ha ragione?
Allo storico della scienza risponde il filosofo, lo stesso di prima, per spiegare fino in fondo il proprio pensiero. Egli non aveva mai inteso affermare che Dante ignorasse che la Terra fosse sferica, al contrario: Dante si avvaleva semplicemente di un doppio punto di vista. Sapeva perfettamente che la Terra era sferica, ma nel suo poema adoperava un punto di vista secondo cui la Terra era piatta, adottava cioè la prospettiva della vita ordinaria, che il filosofo chiama essenzialmente *ecolo-*

gica, quella in base alla quale noi tutti ci comportiamo nella vita di ogni giorno. Senza tale comune prospettiva, senza la convenzione che la Terra sia piatta e non si muova, non avremmo la possibilità di comunicare tra di noi, non avremmo la possibilità di intenderci l'un l'altro, non avremmo nemmeno la possibilità di comprendere un'emozione provata, sulla stessa Terra, da un altro uomo o da un'altra donna secoli e secoli prima.
Certo, esiste oggi l'occasione di immaginare il mondo in maniera molto diversa, in un modo che Dante non avrebbe mai potuto concepire, esiste ad esempio un sentimento, quello del Sublime, che ci mette in condizione di far fronte a una scala, a una taglia, per così dire straordinaria del mondo intorno a noi e dentro di noi: la scala della microfisica oppure la scala della macrofisica, grazie al fatto che le ultime scoperte scientifiche, astronomiche e astronautiche hanno consentito di arrivare fino in fondo alla materia da un lato, e fin quasi ai limiti dell'Universo dall'altro. Perché va detto: questa non è una polemica che accadeva secoli fa, che riguardava dotti che vissero molto prima di noi, ma divampava soltanto poco tempo fa sui giornali più importanti, sui quotidiani più diffusi del nostro paese, a segno del fatto che evidentemente ancora oggi viviamo all'interno di una scissione, di un contrasto radicale circa la nostra concezione del mondo. In proposito siamo davvero ambivalenti: sappiamo perfettamente che la Terra è una sfera ma guai se nella nostra vita quotidiana ci comportassimo come se essa lo fosse. Non soltanto non ci

intenderemmo e non proveremmo sentimenti – questa era la tesi forse un po' estrema del filosofo – ma in ogni caso faremmo fatica a vivere molto più di quanto oggi noi non si faccia. Tale ambivalenza attende ancora di essere spiegata.

Entra allora in campo il geografo, il quale sostiene che sia il filosofo che lo storico della scienza hanno allo stesso tempo ragione e torto. Lo storico della scienza ha così tanto ragione che si potrebbe perfettamente capovolgere il luogo comune contro cui egli si scaglia: cioè sostenere che se c'è qualcuno che davvero ha ridotto la Terra a una distesa piatta, dunque a uno spazio letteralmente inteso, questi è proprio Cristoforo Colombo, che per primo, in epoca moderna, ha ridotto il mondo a una distesa da percorrere il più velocemente possibile, quindi attraverso un sistema di linee rette. Ha ridotto il mondo a tempo di percorrenza, ad un'estensione che, esattamente come le estensioni che fondano la geometria classica, quella di Euclide, si regge su tre proprietà: la continuità, l'omogeneità e l'isotropismo, cioè il principio per il quale tutte le parti sono voltate nella stessa direzione. Ma allo stesso tempo ha ragione anche il filosofo quando distingue tra concezione ideale e punto di vista quotidiano-ordinario. Il problema è un altro, e riguarda la natura e la forma di quest'ultimo: il mondo di ogni giorno del filosofo finisce con l'essere, a pensarvi un poco, un mondo abitato da iconoclasti, da persone che negano la possibilità d'esistenza delle immagini.

In altri termini, si può anche concordare sul fatto che, nella vita ordinaria di ciascuno di noi, la Terra stia ferma e non si muova, però il problema è: perché essa si presenta piatta quando la vita ordinaria ogni giorno ci mette di fronte le montagne? Anche abitando al Polo Nord o al Polo Sud, oppure nel Sahara, faremmo fatica a immaginarci una Terra che oltre ad essere ferma, fissa, sia anche piatta, perché anche ai poli o nel deserto qualche altitudine, qualche dislivello esiste. Evidentemente la questione è un po' più complessa di quanto il filosofo e lo storico della scienza ritengano, forse perché già prima del VI secolo a.C. essa era già stata, in qualche maniera e sottilmente, regolata. Ed è esattamente a quel periodo che adesso noi dobbiamo tornare per tentare di capire come noi oggi vediamo la Terra, come noi oggi ce la immaginiamo nel nostro quotidiano vivere, come insomma noi abbiamo inventato la Terra, cioè la sua natura, la sua forma, le sue articolazioni, le sue relazioni interne.

2
Il logos è la tavola

Che idea avevano della forma della Terra gli antichi, gli uomini del Medioevo e poi i moderni? Come se la immaginavano? E perché se la immaginavano proprio in quella maniera? La questione non è affatto semplice, appunto perché decidere tra le due forme, la piatta e la sferica, è l'atto originario dell'intera riflessione occidentale, nel senso che è proprio intorno a questo problema che la riflessione dell'Occidente sul mondo si struttura, si organizza.

Per ricostruirne la storia bisogna dunque partire dall'inizio, anzi dall'inizio dell'inizio, dal principio, come tutte le storie che si rispettino. Allora leggiamo insieme di nuovo un celebre brano: «Nel principio Iddio creò i Cieli e la Terra e la Terra era informe e vuota e le tenebre coprivano la faccia dell'abisso e lo Spirito di Dio aleggiava sulla superficie delle acque. E Dio disse *Sia la luce* e luce fu, e Dio vide che la luce era buona e Dio separò la luce dalle tenebre e Dio chiamò la luce *giorno* e le tenebre *notte*. Così fu sera, poi fu mattina e fu il primo giorno. Poi Dio disse *Ci sia tra le acque una distesa* – potete trovare in altre traduzioni *un'atmosfera* oppure ancora *un firmamento*, è lo

stesso – *che separi le acque dalle acque* e Dio fece la distesa e separò le acque che erano sotto la distesa delle acque, da quelle che erano sopra la distesa, e così fu. E Dio chiamò la distesa *cielo*. Così fu sera, poi fu mattina e fu il secondo giorno. Poi Dio disse *le acque che sono sotto il cielo siano raccolte in un unico luogo e apparisca l'asciutto* e Dio chiamò l'asciutto *terra* e chiamò la raccolta delle acque *mari* e Dio vide che questo era buono».
Così inizia, nel libro della Genesi, la Creazione. Ma se davvero questo è il principio (e per noi popolo del libro questo è il principio) la Creazione, o meglio il racconto della Creazione, non avviene dal nulla, la sua storia non parte da zero. Quando la storia inizia vi sono già un sacco di cose: esistono delle cose materiali e delle cose immateriali, le cose cioè che si possono toccare e quelle che si possono soltanto pensare, e sono proprio queste le cose più importanti per comprendere quello che sarà, fino ai nostri giorni, il nostro modello di Terra. Anche a non volere ammettere che già vi fosse allora la Terra, sebbene vuota e ancora priva di forma, quando il racconto inizia vi sono già le tenebre e l'abisso, oltre lo Spirito di Dio naturalmente. E l'abisso, è questa la cosa importante, ha già una faccia. Questa faccia non è soltanto una superficie, sotto vi sono le acque, ed è abbastanza determinata perché il vento divino possa scorrervi sopra. La Creazione insomma non avviene dal vuoto o nel vuoto, non presuppone e non ha affatto bisogno del vuoto, già si appoggia, per come viene tramandata, su qualcosa.

Così come viene narrata nella Bibbia, la storia della Creazione dunque non inizia con il vuoto e dal vuoto, dal nulla. Al contrario, quando si comincia a raccontarla esistono già delle masse elementari dotate di estensione, e a tali masse – l'abisso delle acque, le tenebre, la terra informe – corrispondono ambiti, luoghi, posti insomma. Come dirà Aristotele: «Non esiste cambiamento senza che esista il luogo». Sicché se lo Spirito divino si muove sulla faccia dell'abisso, esso si sposta già da un ambito, da un dominio, da un posto, da un luogo all'altro: dal luogo dell'inizio al luogo del termine del suo viaggio cosmogonico, del viaggio che produce il Cosmo stesso.

Quando la storia inizia non vi è proprio traccia di vuoto, anzi Dio ha già tracciato sull'abisso la faccia dell'abisso, altrimenti Dio stesso non potrebbe tenergli fronte e lo Spirito di Dio non potrebbe *aleggiare*. Ed è proprio su questa superficie che lo Spirito si sposta e ha luogo il processo, il movimento che va dalla indeterminatezza e dall'assenza di forma degli ambiti a una sempre maggiore, crescente determinazione e formalizzazione. Ma tutto ciò, evidentemente, non potrebbe avvenire se non esistessero già, oltre gli elementi primordiali, il Sopra, il Sotto e l'Estensione, le determinazioni archetipiche, dunque originarie, da cui gli stessi elementi primi risultano essere definiti. E questo ancora prima che la distesa (il firmamento, l'atmosfera) separi il secondo giorno le acque terrestri da quelle celesti. Nel testo inaugurale della Creazione secondo la tradizione ebraico-cristiana senza il Sopra, insomma, e il Sotto e la superficie, l'Estensione non esisterebbe, e dunque nemmeno potrebbe esistere la Terra. Essa riceve il proprio nome quando diventa secca e arida, cioè non solo quando una distesa distingue due regioni di acque, quella superiore, celeste, e quella inferiore, terrestre, ma anche quando le acque sotto il cielo vengono concentrate in un unico luogo, sicché può apparire finalmente l'asciutto, con ciò implicitamente riducendo – ed è questo il vero momento originario – la Terra a una superficie. Ed è in tal modo che alla terra, con la «t» minuscola per così dire, cioè all'entità che non è ancora determinata e dunque non ha ancora nome, può sostituirsi la Terra dotata di nome proprio, la Terra con la «T» maiuscola, quella destinata a popolarsi di verdure, animali e uomini, la Terra dotata di identità e sulla quale, dall'inizio fino ai giorni nostri, l'umanità continua a vivere.

Ed è Dio stesso a celebrare l'avvenimento della comparsa della Terra, della nostra Terra, della Terra dotata finalmente di nome, determinata nella sua forma. Il primo giorno Dio aveva visto *che la luce era buona* ma adesso, dopo aver distinto la Terra dal mare, *Egli vede* – così dice la Genesi – *che questo era buono*: e *questo* significa non già più una cosa, la luce, ma l'atto della separazione, il processo e il risultato di tale processo, la sua logica. Si tratta di una logica che potremmo definire bivalente.

La Creazione avviene, secondo la Genesi, attraverso un doppio raddoppiamento degli ambiti, che

soltanto l'interposizione di una distesa, cioè di un'ideale superficie piatta – la stessa che aveva all'inizio dell'inizio consentito di dare all'abisso una faccia – riesce a produrre, permettendo di separare la Terra dal cielo. E questa è la prima mossa, che distingue il primitivo abisso delle acque in due regioni, la terrestre e la celeste, e separa poi la Terra e i mari. Questo passaggio, che è decisivo, molto spesso viene trascurato, ad esso non si concede l'importanza cruciale che invece ha: soltanto per sua virtù infatti la Terra diventa finalmente tale. La Terra diventa finalmente tale quando sulla sua superficie le acque si raccolgono e si concentrano in modo che si formino i mari; è come se la distesa che ha trasformato l'abisso nel suo contrario si trasferisse adesso sulla Terra ancora caotica e indifferenziata e, differenziandola e distinguendola in due elementi, la convertisse in una forma che tuttora noi crediamo sia la sua, che dunque per noi è la forma. La mossa è cruciale perché soltanto in tal modo la terra si trasforma nella Terra, nella nostra Terra, il «luogo dell'educazione dell'umanità», come all'inizio dell'Ottocento la definiva un geografo, Karl Ritter.
In tal modo si comprende finalmente, tra le altre cose, quello che vuol dire l'espressione che si legge nel *Corpus Ermeticum* e che si ascrive tradizionalmente all'ultimo dei grandi magi, a Ermete Trismegisto, vale a dire che «la Terra è la copia del cielo», come Ermete voleva per l'Egitto, il paese che fa dono all'Occidente della geometria. È proprio quello che nella Genesi abbiamo appena

visto: la Terra è la copia del cielo in quanto la matrice è la stessa e la matrice è esattamente la distesa tabulare, la faccia che fin dall'inizio esiste, fin da quando il racconto comincia, e senza la cui azione noi non potremmo distinguere nel creato, ancora oggi, proprio nulla dei suoi elementi, non potremmo assolutamente separarli l'uno dall'altro. Così come anche Dio all'inizio ha mostrato di dover fare.

In un testo molto importante della riflessione occidentale europea del Novecento, il *Nomos della Terra* di Carl Schmitt, si fa significativamente (ma inconsapevolmente?) riferimento proprio a tale processo per indicare l'origine di quella che l'autore chiama la «razionalità giudaico-cristiana». Il problema di Schmitt era un altro, diverso dal nostro: arrivare a spiegare l'origine del diritto internazionale. Eppure quando egli deve illustrara la nascita della ragione occidentale egli fa riferimento esattamente ai due fenomeni, ai due processi che nella Genesi sono illustrati come originari: la *localizzazione* e l'*ordinamento*, cioè la messa in ordine, la strutturazione degli elementi sulla faccia della Terra. Tale strutturazione però può partire soltanto dall'atto ancora precedente alla localizzazione stessa.

A farvi caso è esattamente ciò che la Genesi fin qui ci ha detto: all'inizio esiste una distesa, esiste un'estensione, esiste una superficie, esiste quindi la riduzione a superficie della Terra. È la Terra stessa che è il campo, il prodotto, di questa distesa, della superficie, della estensione, nel senso

che il mondo consiste nella riduzione ad essa di tutte le sue proprietà.
Ecco allora, se questo è vero, che si comprende quello che vuol dire Giovanni quando afferma, all'inizio del suo *Vangelo*, che *in principio vi era il logos*, termine greco che è consuetudine tradurre come ragione verbale. Ma si dà almeno un'altra possibilità. *Logos* viene da *leghein* ed è esattamente ciò che ordina, ciò che raccoglie e comprende, raduna ma anche seleziona. Dalla sua versione latina vengono per esempio due parole apparentemente molto distanti tra di loro ma in realtà accomunate dalla stessa radice: legione, qualcosa cioè di ordinato – si pensi all'esercito – ma anche elegante, perché la persona elegante è colui che seleziona, mette in ordine e sceglie. Al *logos* i greci contrapponevano un'altra forma di sapere, un'altra possibilità e modalità di conoscenza, che chiamavano *episteme*. Ma l'*episteme* significa esattamente, alla lettera, mettere sopra, porre sopra, mettere qualcosa sopra qualcosa che già si conosce, che già esiste, in qualche maniera evidentemente assimilandolo a quel che funziona da base o supporto. Ed è appunto l'invenzione della Terra che sta prendendo le mosse, perché essa, abbiamo visto, procede esattamente in questa maniera. Essa inizia quando sopra il *logos*, sopra l'estensione, la tavola, la distesa che contiene anche già la possibilità della struttura, si dispone la forma della terra, sicché la Terra stessa risulta dall'assimilazione della struttura di tale estensione. E ciò vale per l'Occidente ma anche per l'Oriente.

3

Il mantello del Cielo e la linea d'orizzonte

L'invenzione della Terra procede dunque in Occidente per via epistemica, ponendo la forma terrestre *sopra* il *logos*, la superficie piana che Gregory Bateson avrebbe chiamato «la struttura che connette», ordina, comprende gli elementi e li seleziona, tirandoli con ciò fuori dall'informe: la distesa biblica interposta prima tra le acque e poi sulla terra stessa.

Si tratta di un'operazione che è allo stesso tempo ideale e materiale, perché è proprio della natura del *logos*, della matrice, presentare tale duplicità. Il termine ebraico per dire creazione, «baral», significa sia sezionare che intagliare, comporta un processo che coinvolge sia la mente che la mano, è quindi sia materiale che ideale. E non soltanto nella Genesi ma in ogni cosmogonia, in ogni racconto sulle origini del cosmo, la creazione del mondo diventa l'arte di dar forma e dunque di controllare quello che all'interno della matrice, sull'estensione, si presenta ancora privo di forme oppure già in qualche maniera preformato.

Si prenda ad esempio l'*Enuma Elis*, il racconto della creazione che a Babilonia, circa 2000 anni prima di Cristo, veniva recitato per la festa dell'anno che iniziava. Come nel caso della Genesi e a differenza, per esempio, di quello che accade nella cosmogonia greca (si pensi ad esempio alla *Teogonia* di Esiodo), non si parte dal caos ma dall'esistenza di una materia primordiale, la cui natura è però in questo caso unica, perché non si fa alcun riferimento alla terra, ma soltanto all'acqua. Tutto quello che esisteva all'inizio per i babilonesi era l'acqua, però già separato e distinto, anche qui, in due componenti: l'acqua salata, Tiamat, e l'acqua dolce, Apsu. Ambedue avevano preso origine da un'unica matrice, da Mummu (termine che ricorda molto da vicino la nostra «mamma»), la nebbia vaporosa. Per i babilonesi tutto iniziava nell'acqua e con l'acqua. Gli stessi dei, in assenza di un dio creatore, nascono da essa, e invece di prendere vita dalla scissione, dalla separazione come nel racconto biblico, la creazione prende luogo dall'impercettibile miscela dei due tipi di acqua, la dolce e la salata. Davvero viene in mente Joyce quando nell'*Ulisse* parla di quel luogo dove «le acque s'incontrano».

Così si legge nel testo cosmogonico dei babilonesi, nell'*Enuma Elis*: «Quando non vi era il cielo, non vi era terra, non vi era altezza, non vi era profondità, non vi erano uomini, quando Apsu era sola, l'acqua dolce, la prima genitrice, e Tiamat l'acqua salata, e il ritorno alla loro matrice, la loro Mummu, quando non vi erano gli dei, allora tutto iniziò. Quando il dolce e il salato, insieme si mescolarono, nessun canniccio era stato ancora intrecciato, nessun fango intorbidava l'acqua, gli dei erano senza nome, senza natura, senza futuro, allora da Apsu e Tiamat nell'acqua gli dei furono creati, e nell'acqua precipitò il fango».

Quando dunque – narra l'*Enuma Elis* – l'acqua dolce e quella salata si mescolano, anche il fango precipita in esse e nascono i primi quattro dei, e quando gli dei appena nati diventano grandi, è allora, dice il testo, «che le linee del cielo e della terra si allungano dove gli orizzonti si incontrano per separare le nuvole dalla terra». La precisazione è straordinariamente importante perché, a differenza dell'Antico Testamento, la cosmogonia babilonese narra così in maniera esplicita l'emersione di quella linea (anzi di quelle linee, perché in questo caso è duplice) che sono le prime ad essere state percepite, individuate, viste, inventate, trovate: le linee dell'orizzonte.

Nella Genesi l'orizzonte viene dato per scontato, implicito nell'atto con cui Dio separa le acque dal firmamento da quelle che sono al di sotto. Per i babilonesi invece sono proprio le linee dell'orizzonte il luogo dove si trovano Ashar e Cashar, gli dei che mettono in comunicazione e allo stesso tempo separano la terra dal cielo. Da Ashar nasce Anu, dio del cielo vuoto, che mette al mondo Ea, dio delle acque dolci e di una saggezza che è più grande dell'orizzonte del cielo. Ea uccide il suo antenato acqueo Apsu perché si accorge che egli sta tramando contro la vita di quelli che sono appena nati. Ea, dice il racconto, «scandaglia la spira del caos e contro di essa concepisce l'artificio dell'universo», costruisce cioè la prima abitazione che è anche un tempio, dove si celebra colui che è appena stato ucciso. Tale tempio è costruito sull'abisso, sopra la distanza: Apsu infatti significa oceano, abisso profondo, limite estremo. L'abisso diventa, in tal modo, esplicitamente l'assenza di misura, l'incommensurabile distanza, la cui idea così fa capolino per la prima volta. E proprio per ridurre a misura l'abisso, dall'abisso nasce Marduk, figlio di Ea e della sua sposa Damkina, Marduk che sarà l'ultimo architetto della creazione e la nemesi di Tiamat, il cui nome significa, alla lettera, acque primordiali, ed è la matrice di innumerevoli nuovi dei e mostri.

Ma facciamo un attimo di pausa. Il mito, insegnava Károly Kerényi, va preso a piccole dosi se si vuol davvero sopportarlo. Quel che sta per accadere, lo scontro cosmico che si annuncia tra l'incommensurabile e il portatore della misura, dirà quello che ogni mito dice: che chi comanda non è colui che è nato prima. Quel che cambia di volta in volta, e anche qui ci interessa, è come il mito lo dice, perché è da come il mito si ripete che noi apprendiamo qualcosa di nuovo.

Marduk allora, l'eroe, Marduk che sorprende Tiamat mentre Tiamat stessa è impegnata nel tentativo di esplorare qualcosa di cui non potrà mai stabilire la forma, perché Tiamat è l'abisso, e Tiamat cerca di esplorare la sua stessa profondità, la sua stessa matrice, il suo organo genitale, qualcosa con cui essa stessa viene identificata, ma qualcosa che non potrà mai diventare un oggetto, che è destinato invece a restare sempre una specie di non oggetto, qualcosa privo di forma. Ma è proprio di questo non-oggetto che Marduk si impadronisce uccidendo Tiamat in battaglia, diventando perciò signore della Terra, figlio del Sole. La sua freccia trafigge il ventre di Tiamat e Marduk apre in due metà la carcassa del mostro. Con la parte superiore costruisce la volta del cielo, poi abbassa la sbarra e dà un fermo, mette la guardia alle acque, in maniera che esse non possano più scappare.

A farvi caso, tale violenta azione avviene esattamente come *baral*, come la creazione degli ebrei, sezionando il corpo, e forse davvero vi è un rapporto semantico tra il termine *baral* e quella che noi chiamiamo ancora oggi barra, cioè il segno della sezione. In ogni caso è così che si crea l'orizzonte, che è la prima linea da tracciare perché la Terra possa essere pensata. Quindi Marduk, dal corpo ormai esanime di Tiamat, trae fuori una vera e propria topografia: dal vapore che esala dal corpo ricava le nuvole, poi comprime la testa ammucchiandole sopra pesanti montagne, e allo stesso tempo apre sorgenti, perché le acque in essa contenute possano scorrere. Fu così che dagli occhi di Tiamat, narra l'*Enuma Elis*, sgorgarono i due grandi fiumi della Mesopotamia, il Tigri e l'Eufrate. Poi Marduk mette in fila le altri pesanti montagne sul seno di Tiamat, e con esse riesce ad indirizzare il flusso delle acque correnti, e alto sulla testa inarca le estremità del corpo di Tiamat, fissandolo alla ruota del cielo, in maniera tale che l'abisso resta sotto i piedi di Marduk, in mezzo vi è l'inforcatura, lo scavezzo del corpo, il fulcro del cielo. «Ora», dice l'*Enuma Elis*, «la terra aveva le proprie fondazioni e il cielo aveva il suo mantello». Fu così dunque che il gigantesco, smisurato, informe corpo di Tiamat, che nemmeno essa stessa poteva scandagliare, da abisso d'acqua fu mutato in terra, e la Terra non sporgeva più sull'abisso, ma riposava ferma e sicura sulle sue proprie fondamenta.

La linea d'orizzonte è allo stesso tempo la testimonianza, il segnale, la prova di tale straordinaria metamorfosi e di tale straordinaria stabilità. A porvi mente essa è una linea che non si limita semplicemente a separare e nello stesso tempo ad unire (distinguendoli) il Cielo e la Terra, come a noi adesso pare, ma fa invece molto di più. Essa è la prima linea per la nostra costruzione del mondo, vale a dire della costruzione del nostro mondo. È lungo di essa che la realtà s'incontra con la sua originaria versione, ed è soltanto in base ad essa che al caotico continuo fluire dei processi siamo in grado di sostituire oggetti, gli elementi statici, discreti e finiti con cui abbiamo preso l'abitudine di entrare in rapporto nel corso della nostra vita quotidiana, e che ci consentono di definirla come tale. Il compito dell'orizzonte è proprio quello di raccordare con quest'ultima, con la scala dell'ambito domestico, il modello del funzionamento del mondo, permette di far coincidere l'ordine locale con quello cosmico proprio perché configura la cerniera non tra due diverse e separate, sebbene contigue, porzioni del mondo, e nemmeno soltanto tra quel che è finito e quel che è infinito, ma tra due differenti concezioni del mondo stesso: quella per cui quest'ultimo si compone di processi e relazioni e quella per cui esso si compone invece di cose.

L'orizzonte è, molto più visibilmente di ogni altra, una cosa che è un processo e un processo che è una cosa: è l'elemento nel quale la cosa e il processo, le due distinte modalità di rappresentazione e costituzione del mondo, si mescolano al punto da confondersi l'una con l'altra. Di qui il suo carattere ambiguo e sfuggente, cangiante e versicolore, definito ed indefinito, stabile e insieme instabile, reversibile e allo stesso tempo irreversibile come il movimento del giogo di una bilancia: carattere senza il quale, di converso, niente di stabile, di definito, di oggettivo, di chiaro potrebbe esistere. Al punto che mettere in discussione l'orizzonte, chiamarne in causa la forma o la natura o la funzione, ha sempre significato lo sconvolgimento repentino dell'ordine esistente sulla faccia della Terra, la rivoluzione.

Rivoluzione è un termine che, significando in origine il moto astronomico di un corpo celeste intorno al suo centro di gravitazione, presuppone, prima d'altro, proprio l'esistenza di un orizzonte. E il fatto che esso sia passato in tempi moderni ad indicare il violento cambiamento della struttura politica esistente, della trama sociale della realtà, significa soltanto che con la modernità l'orizzonte si carica anche di un altro valore, che prima non era certo assente ma che adesso diventa preminente: serve a definire la linea d'incontro tra quel che c'è e quel che ancora non c'è, acquista un simbolico valore di prognosi, se non addirittura profetico.

4
Il sergente Polifemo

Senza l'analogia nessun mito potrebbe funzionare: ecco come fanno poi i miti a dire tutti la stessa cosa. Allo stesso modo senza analogia non potrebbe ancora oggi funzionare, in genere, tutta la nostra conoscenza. E nella storia di Marduk e di Tiamat che abbiamo appena narrato, a farvi caso, risuona l'eco di una vicenda che noi occidentali conosciamo benissimo: quella di Ulisse e Polifemo. Come Tiamat, anche Polifemo è un gigante, e come l'abisso babilonese delle acque anche Polifemo ha una sua natura, oltre che una forma, per nulla semplici, ma duplici. Tra l'*Enuma Elis* e la scrittura dell'*Odissea* passano più di mille anni, da quel che ne sappiamo, e le analogie tra la cosmogonia orientale e quella occidentale sono molte e significative, ma anche le differenze. Per meglio apprezzare quest'ultime, cioè per comprendere il nostro mondo, conviene cominciare da capo.

La storia cui mi riferisco è l'unica storia dell'*Odissea* che comunque si ricorda anche se poi tutto il resto del poema viene dimenticato: è la storia dello scontro tra Ulisse e Polifemo. Vi è una autorevole interpretazione in base alla quale il trucco decisivo adoperato da Ulisse per salvare la vita a sé e ai suoi compagni prigionieri nella grotta del gigante dal «pensiero irragionevole», come dice Omero, sarebbe consistito nel dare un falso nome. Non mi pare che sia così. Non mi pare che la grotta di Polifemo sia la grotta di Alì Babà e dei suoi quaranta ladroni, che si apriva soltanto se qualcuno diceva la parola magica. Le cose stanno molto diversamente, sono molto più semplici e allo stesso tempo molto più complicate, perché l'invenzione con la quale Ulisse e i suoi compagni riescono a fuggire dalla morte, a salvarsi la vita e tornare al mondo (che davvero non sarà mai più quello di prima), lo stratagemma, il sotterfugio non è quello che consiste nella scoperta del nominalismo, del possibile gioco tra il nome e la cosa, come a metà del secolo scorso hanno sostenuto i filosofi di Francoforte. L'autentica astuzia consiste invece nell'invenzione dello spazio.

È necessario ricordare rapidissimamente almeno una cosa: il canto IX dell'*Odissea*, dove l'avventura di Ulisse e Polifemo viene narrata, è una straordinaria descrizione del mondo alla rovescia, di rovescio delle regole, delle norme che in genere valgono per il suo funzionamento. E si capisce molto bene, perché davvero il mondo viene capovolto, davvero il mondo viene messo sottosopra da cima a fondo da quello che accade. E ciò vale sia per il gigante che per l'eroe greco.

Agli occhi di Ulisse Polifemo rappresenta infatti il massimo dell'alterità, della diversità, non soltanto per le straordinarie dimensioni ma per tanti altri motivi, non ultimo per il fatto che egli beve il latte e mangia il formaggio. Oggi il formaggio e lo yogurt greco sono apprezzati anche da noi, ma si tratta di novità relativamente recenti, introdotte in Grecia verso il 1000 dopo Cristo, in seguito all'avanzata turca. Al tempo di Ulisse, e ancora per molti secoli dopo, bere latte e cibarsi dei suoi derivati era costume del tutto estraneo ai Greci, e proprio invece dei popoli delle steppe dell'Asia Centrale, della Scizia, dunque i più lontani e barbari. La dieta greca di allora, molto diversa da quella che oggi chiamiamo mediterranea, si limitava (per quel che dai poemi omerici si desume) alla carne e al vino, ed escludeva oltre al latte anche il pesce e la verdura: una vera e propria dieta da infarto. Per di più Polifemo si comporta esattamente a rovescio di come si comportavano i Greci in materia d'ospitalità. Quando si presentava un forestiero i Greci non chiedevano nulla: lo rifocillavano, lo facevano riposare e solo il mattino successivo, dopo la pausa notturna, gli chiedevano chi fosse e dove andasse. Polifemo fa precisamente il contrario. Non soltanto egli interroga subito gli stranieri, ma si comporta in maniera assolutamente ostile, li afferra, li sbatte per terra e li maciulla per meglio divorarli: l'esatto rovescio del costume greco.

Entra a questo punto in scena il tronco d'ulivo, il vero protagonista della storia – una storia che non narrerò nei minimi dettagli proprio perché la ricordiamo tutti. Perché Ulisse comanda di tagliare, sgrossare e aguzzare proprio un tronco d'ulivo, quando nella grotta vi erano molti altri legni?

Perché proprio l'ulivo, che è il più storto di tutti gli alberi del Mediterraneo? Perché si tratta di narrare l'atto da cui discende tutto quel che oggi chiamiamo tecnologia, e che comincia esattamente con l'operazione che i compagni di Ulisse applicano al contortissimo tronco: facendolo diventare diritto, lo trasformano nel contrario di quel che era prima, dislocandolo dal campo del naturale a quello dell'artificiale. Proprio per evidenziare tale trasformazione viene scelta la forma più nodosa e aggrovigliata. Si produce in tal modo qualcosa, la linea retta, che non esiste in natura, e che è la matrice e insieme l'agente di ogni tecnica moderna.

Allora può finalmente partire l'attacco dei tremebondi Greci all'uomo-montagna, così come viene presentato il gigante. Sgombriamo subito il campo da un suggestivo ma falso problema: quanti occhi abbia Polifemo. L'iconografia, le immagini dipinte e scolpite che in proposito ci restano non ci dicono niente di preciso. Polifemo ha variamente uno, due, tre, quattro occhi anche. Nei mosaici siciliani di Piazza Armerina, per esempio, egli ne ha tre. Il numero degli occhi in realtà non significa nulla, il vero problema è un altro: condizione essenziale per il senso del racconto è che l'occhio sia circolare, e Ciclope alla lettera proprio questo significa, che ha l'occhio (qualcuno dice il viso) tondo, e basta. Non è una questione di quantità, ma di forma. Ed è contro gli occhi o l'occhio di Polifemo, comunque, che si dirige l'offesa dei piccoli uomini. L'attacco riesce, «le radici nel fuoco friggono», come dice Omero. Polifemo chiama in soccorso gli altri Ciclopi, questi non arrivano per il famoso trucco del nome falso che Ulisse a suo tempo gli ha fornito, ma il vero problema resta: uscire dall'antro, e soltanto il padrone di casa può togliere il masso, quella specie di globo che fa da porta.

Come tutti ricordano, l'astuzia che assicura la salvezza, che consente di guadagnare l'uscita, consiste nel nascondersi sotto la pancia dei montoni, di tornar fuori confusi nel gregge. Ma come mai Polifemo non si accorge dove Ulisse e i suoi compagni sono nascosti? Il racconto tocca il culmine della commozione quando davanti a Polifemo, che è seduto sulla soglia della caverna e che tasta tutto il gregge in cerca dei suoi nemici, arriva l'ariete che è il capo del gregge. Si ricorderà che, dopo aver legato tutti gli uomini sotto gli altri animali, Ulisse si aggrappa proprio sotto questa bestia. E Polifemo le dice, accarezzandola: «Lo so che tu me lo diresti, se tu lo sapessi, dove sono nascosti quei cattivi che mi hanno ridotto in questo stato». La cosa commovente è che l'ariete glielo sta dicendo, perché aggiunge Omero che esso tutte le mattine usciva per primo a guida del gregge, ma adesso sta uscendo per ultimo, a significare nel suo linguaggio proprio quello che Polifemo vuole sapere, ma non comprende. Come spiegherà all'inizio del Novecento Ludwig Wittgenstein: se improvvisamente un leone si mettesse a parlare, e io potessi capire il suo linguaggio, non comprenderei in realtà nulla, perché non partecipiamo dello stesso mondo. Resta comunque la domanda: perché Polifemo non si accorge che, sotto il suo naso, i suoi nemici stanno riguadagnando il loro mondo? Perché Polifemo abita il mondo e noi, dopo Ulisse, abitiamo lo spazio.

Per i Greci il mondo era fatto soltanto di rapporti di forza, di gerarchie, di livelli di autorità. Il mondo era composto da chi stava sopra e da chi stava sotto, da chi comandava e da chi ubbidiva. Lo spazio invece implica anzitutto la riduzione del mondo ad un'estensione metrica lineare, ed è proprio Ulisse alle prese con Polifemo ad inventarla, il primo cioè ad abitarlo. Vi è dunque tra Ulisse e Polifemo una forma d'incomunicabilità analoga a quella che esiste tra quest'ultimo e l'ariete. La cosa curiosa è che Polifemo, ormai cieco, fa con le mani esattamente la stessa prova, lo stesso test che farebbe con gli occhi: tasta il dorso e il capo delle bestie, e non la pancia. Non sono riuscito a trovare nessun commento all'*Odissea* dove si spieghi perché questo accada. Forse perché, come di solito si tende implicitamente a comprendere, il suo braccio non è così lungo da arrivare a sentire il corpo sottostante dell'uomo? Si ricorderà infatti che Ulisse ha legato insieme tre animali, e ha nascosto il compagno sotto quello al centro. Non credo che l'astuzia di Ulisse riesca a motivo dell'insufficiente lunghezza del braccio del micidiale avversario. Anche ammesso che ciò valesse nel caso dei compagni che Ulisse ha legato, non varrebbe in nessun caso per Ulisse stesso, cui non resta che afferrarsi alle reni e al «vello azzurrino» dell'unico esemplare maschio del gregge: se in questo caso il mostro avesse fatto davvero la prova di tastare la pancia, sicuramente avrebbe trovato il capo dei suoi nemici.

Non è perciò un'impossibilità fisica quella che impedisce a Polifemo di trovare l'avversario, che pure sta cercando e che sa che sta uscendo in quel momento. Polifemo non lo trova non perché non possa fare l'unico gesto che gli permetterebbe di trovarlo, ma perché non pensa che quel gesto sia utile. E perché? Lo si diceva all'inizio. Polifemo accerta che il livello superiore, e dunque il dorso e la testa dell'animale, non portino il nemico. Vedere o toccare davvero in questo caso si equivalgono, e viene anzi da pensare al riguardo che l'accecamento del gigante sia anche un espediente per mostrare come per tutta l'antichità la vista e il tatto dicano esattamente la stessa cosa. In ogni caso Polifemo, che ragiona in termini gerarchici, non può concepire che il livello inferiore, la pancia, contraddica il livello superiore, il dorso, non può immaginare che il livello superiore non controlli (e dunque stia per, risponda per) tutto ciò che sta sotto.

Questa è la logica della gerarchia, del mondo, e così come funziona ancora oggi in ogni caserma, dove nessun caporale può contraddire un sergente, così funzionava allora anche dentro la grotta del gigante. Ed è questo il motivo per cui Polifemo, abitante del mondo-caserma, non si accorge di quello che sta accadendo.

5
L'invenzione dello spazio

Abbiamo lasciato Ulisse e i compagni sulla soglia della grotta di Polifemo: sono usciti, ce l'hanno fatta, ma non sono ancora salvi perché il problema adesso per Ulisse e i compagni è riguadagnare la spiaggia opposta all'isola, dove hanno lasciato il resto della flotta, tutti gli altri compagni. Dunque riprendono la loro barca, la riempiono di animali che hanno sottratto a Polifemo e cominciano a remare verso la costa di fronte. Ma ad un certo punto accade qualcosa che, in un certo senso, doveva accadere.

Non si è avuto fin qui tempo di accennare che nel frangente Ulisse scontava quello che oggi diremmo un problema d'identità, perché nell'avventura del Ciclope aveva corso il rischio di perdere ogni autorità sui propri uomini: all'elenco dei contrari di cui il IX libro dell'*Odissea* si compone, e cui si è già accennato, va aggiunto anche il fatto che questa era l'unica avventura che a tutti i costi l'eroe aveva deciso di correre nonostante il ripetuto rifiuto dei compagni, esattamente al rovescio dello schema che invece rimane valido per tutto il resto del poema, secondo il quale i marinai si cacciano nei guai e tocca ad Ulisse correre in salvo. Stavolta era successo tutto l'opposto: soltanto il capo aveva insistito per andare a vedere che cosa e chi ci fosse in quella terra. Quindi, mentre si allontanano a gran colpi di remi, Ulisse non può fare a meno di riaffermare con orgoglio la sua vera identità verso il gigante rimasto sulla riva, ma di riflesso anche nei confronti della propria ciurma, e perciò grida all'indirizzo del mostro parole di scherno. Il problema è allora: quando è che Ulisse grida, quando è che decide di apostrofare l'ancora temibile nemico rivelandogli in tal modo la propria posizione?

La versione che tutti abbiamo studiato a scuola dice che ciò accade, con le parole dell'eroe, «quando tanto fummo lontani quanto si arriva col grido», vale a dire quando Ulisse pensa che esitare ancora potrebbe significare non fare arrivare a Polifemo la propria voce, o perché la voce di Ulisse non sarebbe in grado di coprire la distanza o perché le orecchie del Ciclope non sarebbero in grado di catturare il suono. Ma quando Polifemo sente il grido prende un enorme masso e lo scaglia nella sua direzione. E Polifemo è così forte che il masso cade a prua della nave, solleva un'onda gigantesca e, come nel giro dell'oca che abbiamo giocato da piccoli, la barca di Ulisse torna alla casella di partenza, torna sulla riva dell'isola del gigante, torna cioè quasi all'inizio della storia. Non appena di nuovo sulla spiaggia i compagni, atterriti, fanno forza sui remi per allontanarsi il più in fretta possibile, ma ancora nel corso della fuga Ulisse sente il bisogno di inveire contro il gigante, urlando questa volta il suo vero nome. E di nuovo il gigante scaglia un macigno, ma questa volta tutto va per il meglio, perché Ulisse ha gridato il suo nome in un altro momento, in un altro punto, ad una diversa distanza. Quale?

La prima volta Ulisse aveva scelto il momento del grido valutando la relazione tra un proprio organo, la gola, e l'orecchio di Polifemo: la distanza era stata dunque calcolata sulla base del rapporto tra due funzioni corporee ed era andata male, si era tornati al punto di partenza, tutto il lavoro fatto per allontanarsi dalla riva era stato vanificato. La seconda volta la fuga riesce perché, come si dice al verso 491 del libro IX dell'*Odissea*, Ulisse raddoppia la distanza di prima: «quando due volte tanto di mare avevamo percorso». Polifemo indirizza in direzione del grido un secondo proiettile ma questa volta il macigno cade a poppa della nave e l'onda che esso solleva, proprio al contrario della prima, deposita sulla spiaggia di fronte, dunque definitivamente in salvo, l'imbarcazione.

Il problema a questo punto è come diavolo faccia Ulisse a calcolare il doppio della distanza di prima. Anche qui, nessun testo, nessun commento offre una spiegazione decente, e di solito nemmeno ci si pone il problema. Ne *I sette pilastri della saggezza*, le memorie del colonnello T. E. Lawrence (il leggendario Lawrence d'Arabia), si legge che una volta, attaccato da un gruppo di Arabi, egli si rifugiò dietro una roccia e, appena al riparo, lanciò una bomba che sterminò gli assalitori: ma questo

perché Lawrence nel fuggire aveva contato i passi, e quindi aveva calcolato la distanza. È però difficile pensare che durante la prima fuga Ulisse contasse i colpi di remo della barca come il colonnello aveva tenuto conto dei passi: significherebbe sostenere che Ulisse già sapeva che sarebbe tornato indietro e che avrebbe dovuto rifare il percorso. In realtà, ciò che qui fa la propria comparsa, e conduce alla salvezza, non è un conto, la memoria di una sequenza temporale, o una stima o una valutazione approssimata come la prima volta: quel che definitivamente salva Ulisse e compagni da Polifemo e dalla sua forza disumana è la capacità di astrazione, che consente di raddoppiare istantaneamente la prima distanza, quella calcolata su base esclusivamente empirica.
L'udito scompare, e con esso la gola e l'orecchio: l'unica parte del corpo coinvolta, oltre la mente, adesso è l'occhio, e il calcolo è silenzioso e non ha bisogno di nessuna interlocuzione, di nessun rapporto tra persone in carne ed ossa. E qui davvero siamo al momento definitivo dell'invenzione dello spazio, che presuppone non soltanto una distanza e una metrica, cioè una misura lineare, ma anche uno standard: qualcosa cioè che valga comunque e ovunque, indipendentemente dal contesto, e che proprio il criterio del raddoppio (della moltiplicazione per due di qualsivoglia precedente distanza) introduce. Davvero in tal modo il mondo si traduce in spazio, nel grande trucco che permette a Ulisse e ai suoi compagni di salvarsi, e alla civiltà occidentale di organizzarsi.

La terribile storia di Ulisse e i suoi compagni noi l'abbiamo appresa fin dalle elementari, esattamente quando abbiamo cominciato a fare i calcoli sulla tabellina pitagorica, ma nessuno ci ha mai spiegato che si trattava della stessa cosa. Noi credevamo che ci stessero semplicemente insegnando i numeri e come dall'1 si passa al 2 e dal 2 al 3 e così via. Nemmeno per sogno: credevamo che fosse aritmetica, invece era lo spazio. Perché, proprio come la storia di Ulisse e Polifemo ha fin qui mostrato, la cosa più importante era esattamente l'intervallo sempre identico, sempre regolare, sempre lo stesso, che dall'1 ci conduceva al 2 e dal 2 ci conduceva al 3, e così via: lo standard, che applicato alla faccia della Terra si chiama spazio. Detto alla buona ma fino in fondo, quest'ultimo consiste nella riduzione del processo che conduce da un termine all'altro del percorso ad una serie di oggetti, degli oggetti a segni e della distanza tra questi segni (distanza che diventa in tal modo forma di relazione principale se non esclusiva) ad una misura lineare standard. Tali condizioni sono tutte riunite, alla fine, nello scontro tra Ulisse e Polifemo. Tutto quello che accadrà dopo sarà nient'altro che l'applicazione della figura spaziale del mondo. E la prima cosa che verrà dopo sarà proprio la prima rappresentazione geografica di cui la memoria occidentale abbia traccia.

La nostra cultura assegna ad Anassimandro, che sarebbe nato nel 610 a.C., a Mileto, il privilegio e l'onore di aver costruito la prima rappresentazione

geografica del mondo. Ho adoperato il condizionale perché per qualcuno, come per Michel Serres, Anassimandro non sarebbe mai esistito, nel senso che Anassimandro è un nome troppo bello per essere vero, significa in greco «il re del recinto». Comunque siano le cose, è chiaro che in Anassimandro la cultura occidentale deposita la propria origine. La tradizione voleva che avesse dormito per cinquant'anni in una grotta, come uno sciamano, e che quando parlava si rivolgesse al pubblico in maniera molto teatrale, tale da indurre rispetto e timore. E quello che del suo pensiero ci resta, è come al solito in questi casi molto scarso.
A Mileto, patria di molti pensatori, anche dopo Anassimandro si continuò a pensare che per reggersi nel cielo, per non scivolare di qua e di là, la Terra avesse bisogno di un supporto solido e fisso. Questa era la cosmogonia, cioè il racconto sulle origini della Terra, il racconto sulle origini del cosmo che conteneva perciò anche una spiegazione della Terra stessa. Anche il pensiero del maestro di Anassimandro, Talete, si muoveva lungo il solco della tradizione cosmogonica: per Talete la Terra si reggeva su un cuscino d'acqua, e per questo non cadeva. Anassimandro fu il primo a passare dalla cosmogonia alla cosmologia, perché per primo Anassimandro non raccontò al riguardo una storia ma descrisse una figura, per primo ricorse ad un terribile modello, destinato ad un grande futuro: il modello geometrico.
Vi è una storia che narrava un geografo di cui dovremo occuparci quando arriveremo a parlare del

paesaggio, Alexander Humboldt. È la storia del bramino che insegna i segreti della dottrina all'apprendista e gli rivela che la Terra sta ferma, non cade giù perché è sorretta da una tartaruga. E l'apprendista domanda dopo un istante: «E la tartaruga su che cosa si regge?». E il bramino: «Bella domanda. È proprio quella che mi attendevo. Bravo. La tartaruga si regge a sua volta su di un elefante». Ma dopo un altro secondo l'apprendista torna a domandare: «E l'elefante su che cosa si regge?». Il bramino allora sorride e risponde: «Bravo, così tu hai compreso la differenza tra la scienza e la fede».

Anassimandro è il primo, secondo la tradizione occidentale, ad interrompere il ciclo di ciò che i filosofi avrebbero poi chiamato la regressione all'infinito, e che il bramino di Humboldt insegna a mettere tra parentesi. La Terra per Anassimandro sta ferma non perché sia sorretta da qualche supporto, da un elemento, ma perché essa è esattamente al centro dell'universo, il quale è circolare e si compone di forze che dal limite esterno si dirigono tutte verso l'interno. E poiché queste forze sono uguali e contrarie tra di loro, si viene a definire un punto, il centro, che è di equilibrio assoluto e, guarda caso, proprio in questo punto è situata la Terra. Per il sapere ionico si trattò di una vera e propria rivoluzione, tanto è vero che, morto Anassimandro, ci si dimenticò quasi subito del suo modello di spiegazione. Ma non ci si dimenticò della sua grande operazione, del suo grande manufatto: la prima rappresentazione geografica, la prima tavola, la prima mappa, quella che valse ad Anassimandro la più grande delle riprovazioni, la più grande delle accuse da parte dei suoi contemporanei: l'accusa di empietà. Per capir davvero la quale dobbiamo però fare a questo punto un piccolo passo indietro e chiederci: Ulisse riduce a spazio la distesa della Terra; ma quando e come la Terra era stata ridotta, da sfera che era, ad una semplice distesa? E che cosa comportò per la natura della conoscenza tale riduzione?

6
Il mantello della Terra

A scuola li abbiamo studiati come filosofi presocratici. Giorgio Colli li chiamava i sapienti greci. Ma per Strabone, all'inizio dell'era volgare, gli autori dei primi modelli occidentali del mondo erano semplicemente geografi. I Babilonesi avevano inventato il mantello del cielo, la cui esistenza e visibilità dipendevano dalla linea dell'orizzonte. Ferecide invece, uno di questi sapienti che Aristotele considera un vero e proprio mago, narra del mantello della Terra.

Nato nel VI secolo a.C. e vissuto a Siro, un'isoletta del mar Egeo, Ferecide racconta, in un frammento che miracolosamente ci è pervenuto, delle prime nozze sacre, le prime nozze al mondo. A quel tempo gli unici esseri viventi erano tre: il Cielo, la Terra e Oceano, che funge da sacerdote del rito. La Terra allora non si chiamava ancora *Gé*, la Gaia dei latini, che significa quella che ride, che splende, che brilla, ed esprime la chiarezza, la visibilità, dunque l'orizzontalità. La Terra allora si chiamava ancora *Ctòn*, termine che nel nostro linguaggio sopravvive nell'aggettivo ctonio, o ctonico, che significa sotterraneo, oscuro, profondo, invisibile, e che dunque implica non l'orizzon-

talità ma al contrario la dimensione verticale, quella dell'abisso di cui stiamo cercando di ragionare. Così funziona il rito delle prime nozze al mondo, quelle più sacre di tutte, quelle che saranno modello per tutte le altre: *Ctòn*, la sposa, si presenta velata e quando essa si toglie il velo lo sposo, il Cielo (che poi è *Zas*, cioè Giove) le mette sulle spalle il mantello che egli stesso ha ricamato. La sposa resta nuda soltanto per un attimo, e proprio in tale attimo, che era quello dello svelamento, per i Greci era possibile afferrare la verità. Il rito consiste appunto nella sostituzione del velo primordiale col mantello che è il dono dello sposo, ricevendo il quale la Terra si sposa e cambia nome, o meglio, proprio come da noi ancora oggi alle donne accade, aggiunge al suo nome un altro nome e diventa così *anche* Gaia, *Gé*. Ma questo mantello non è un semplice mantello, perché su di esso lo sposo ha ricamato dei disegni, ha intessuto in vari colori la forma dei fiumi, dei laghi, delle montagne e dei castelli, la forma dell'Oceano e del suo palazzo. In altri termini: su questo mantello è rappresentata per la prima volta la forma della Terra, ovvero *Ctòn* è per la prima volta trasformata in *Gé*, appare come tale e perciò lo diventa. Ancora oggi accade che le ragazze indossino un vestito fatto di veli e ricami quando si sposano, proprio ad inconsapevole memoria di tale originaria cerimonia, destinata a fare non epoca, ma tutte le epoche che fin qui si sono succedute.
La verità si mostra in un baleno. Ma è soltanto un baleno, subito il dono dello sposo la ricopre, rico-

pre di nuovo il corpo della sposa: l'abisso può restare scoperto, si può guardare soltanto un attimo. E in quest'attimo noi non possiamo conoscere nulla, perché il Cielo e la Terra in quell'attimo non si possono più distinguere l'uno dall'altra, la duplicità diventa indifferenziata e indeterminata unità. Soltanto con il mantello di Giove torniamo a conoscere finalmente qualcosa: certo, ma che cosa precisamente possiamo conoscere?

Alla fine delle nozze sacre quello che si vede è soltanto l'immagine sul manto delle montagne, dei fiumi, dei palazzi, in breve non la Terra come *Ctòn* ma soltanto come *Gé*, come semplice faccia, anzi come immagine della faccia: quel che possiamo vedere e perciò conoscere non è la cosa ma l'immagine della cosa, non sono le vere montagne e i veri mari ma sono le immagini delle cose cui si riferiscono. Le cose vere, le vere montagne, i veri laghi, stanno sotto il mantello, appartengono al corpo nascosto, ctonico, sotterraneo, oscuro, abissale della Terra stessa. Ma noi siamo condannati, se vogliamo tentare di conoscere qualcosa, ad accontentarci di ciò che si vede, e vedendo l'immagine di ciò che esiste crediamo di vedere ciò che esiste. Sicché la verità resta e resterà per noi celata per sempre e dovremo adattarci soltanto alle apparenze, alle illusioni.

Si può dirlo in tante versioni, con Kant piuttosto che con Heidegger, e parlare allora della *cosa in sé* e del *fenomeno* nel primo caso, oppure dell'*essere* e dell'*ente*, ma ripetiamo comunque ciò che Ferecide, sei secoli prima di Cristo, ci ha rivelato in un baleno: che noi non possiamo conoscere le cose per davvero, ma soltanto in figura, alla lettera geograficamente.

Chi più di tutti mostra di aver coscienza di tutto ciò è, sempre nel VI secolo a.C., appunto Anassimandro, allievo di Talete. Proprio a lui dobbiamo (anche) la messa a punto del modello terrestre che ancora oggi è il nostro, è a lui che davvero dobbiamo l'invenzione della Terra così come tuttora riusciamo a pensarla. Come riporta Agatemero, Anassimandro fu colui che per primo «osò inscrivere – cioè disegnare – su una tavola la Terra», l'Ecumene, parola che per i greci significava insieme la Terra abitata e conosciuta. E davvero si trattò di un'operazione talmente audace e sacrilega per i tempi, da meritare ad Anassimandro il disprezzo e la condanna di tutti i suoi contemporanei.

Goethe sosteneva che all'inizio non c'era il *logos*, il verbo come voleva il Vangelo di Giovanni, ma l'azione: l'azione di Anassimandro consiste allora nella fabbricazione della prima tavola della Terra, della prima mappa, e perciò essa si situa davvero all'inizio di tutta la cultura occidentale, è davvero la nascita dell'Occidente.

Non si sa con precisione di quale materiale questo modello fosse: se di bronzo, di pietra o di terracotta, come è più verosimile. Si trattava in ogni caso di quello che noi oggi chiameremmo un *hardware* ben diverso dal mantello di cui riferisce Ferecide. Un tessuto non è rigido, e le pieghe che un tessuto comporta cadono ogni volta in maniera che

può essere diversa, soprattutto se la superficie della Terra, come nel caso delle Nozze Sacre, è una stoffa addossata ad un corpo sottostante, di cui però il mantello mostra comunque la forma autentica, che si può indovinare al di sotto. E nessuno in tal caso può pensare che la Terra sia piatta o immobile, come invece la scultura di Anassimandro, che dobbiamo immaginare come una specie di pizza, per prima induce a pensare. Il mantello di Ferecide era qualcosa che copriva la Terra, e di profilo corrispondeva evidentemente all'orizzonte, a quello che ancora oggi è il nostro orizzonte. La tavola di Anassimandro è invece una cosa completamente diversa, appartiene ad una generazione del tutto differente di modelli: essa non sta, come il mantello, sopra la Terra, ma la sorregge e ne permette la riduzione a forma geometrica, e proprio stando sotto è la fondazione che assicura alla Terra la sua stabilità e la sua piattezza.
La stessa cultura ionica di cui Anassimandro era espressione preferì dimenticarsi subito di chi al suo interno l'aveva sconvolta, non soltanto riducendo la cosmogonia ad una cosmologia, ma prima ancora la Terra ad una mappa. A farvi caso, Anassimandro applica alla Terra, che ne è il centro, lo stesso modello circolare che vale per l'universo: la Terra è un cerchio e al centro vi è la Grecia, il paese di Anassimandro. Ma come insegnava Elias Canetti, non esiste un modello che non derivi da un metamodello, e normalmente tale modello in grado di dare origine al modello è sempre intenzionato in maniera maligna. Qual era il metamodello

cui Anassimandro faceva riferimento? Da dove viene fuori il modello geometrico, insomma, con cui Anassimandro spiega sia l'universo che la Terra nella sua forma? Esso veniva fuori dalla pratica dell'assemblea, tante volte descritta nei poemi omerici, che consiste in un circolo di uomini che si ritengono uguali, siano essi guerrieri o cittadini, che a turno occupano il centro finché parlano e dunque esercitano potere sugli altri e, una volta terminato il proprio discorso, tornano nei ranghi, tornano a fare circonferenza intorno per lasciare il posto al successivo oratore. È la pratica dell'assemblea tra i simili, dalla quale discende qualcosa che ancora oggi ci occupa e ci avvolge, regolando la nostra vita politica e sociale: quella cosa che si chiama democrazia.
Resta però ancora da spiegare l'ostilità dei suoi contemporanei nei confronti di Anassimandro. La spiegazione più diffusa di quest'ostilità consiste oggi nel seguente rilievo: nel realizzare la sua scultura egli avrebbe fatto qualcosa che gli uomini assolutamente non avevano la potestà di fare, avrebbe rappresentato il mondo dall'alto, così come soltanto gli dei potevano vederlo, così come soltanto la divinità poteva guardarlo.
Ma se questa colpa vi è stata, prima ancora ve n'è stata un'altra, ben più grave: l'aver ridotto quella che allora si chiamava la «physis», la natura, a uno schema. In altri termini egli rapprese, irrigidì, solidificò, cristallizzò, impietrì, pietrificò il mondo che vive, il processo, anzi il complesso dei processi di cui il mondo si compone, in una rappre-

sentazione rigida, in una tomba. È questa, io credo, prima ancora della visione dall'alto, della visione zenitale, la colpa originaria di Anassimandro. Una colpa da cui non ci si liberò, se non attraverso il silenzio sulla figura stessa del colpevole. Finché, dopo più di un secolo, un altro greco, anche lui nato in Asia Minore, Erodoto, ironizzò apertamente sulle mappe ioniche, tutte derivanti dal primo modello che Anassimandro aveva costruito. Le mappe ioniche, diceva Erodoto sghignazzando nelle sue *Storie*, sono tutte tonde e geometriche, come se fossero appena adesso uscite dalle mani dello stesso vasaio. Erodoto rideva ma non diceva la verità sul motivo della sua risata, così come i commentatori non dicono la verità quando sostengono che i contemporanei accusarono Anassimandro di tracotanza, di aver passato il limite per aver osato rappresentare la Terra vista dall'alto. Ma non lasciamoci distrarre. Bisogna invece ancora comprendere fino in fondo, con un'altra storia, la gravità del peccato in cui ci siamo imbattuti, e cui si deve sia la nascita dell'Occidente che l'invenzione della Terra come noi la conosciamo. E proprio un altro terribile piatto circolare ci si fa allora a questo punto incontro.

7
Salomè

Sia per la cosmogonia greca che per la cosmologia di Anassimandro, la conoscenza è qualcosa che inganna, è un'illusione; e come per Ferecide non possiamo conoscere la Terra ma soltanto l'immagine delle cose di cui essa si compone, così Anassimandro distingue tra le cose che non potremo mai conoscere e le cose che sono, che possiamo conoscere e che però sono soltanto l'apparenza delle prime. Quindi la Terra appare piatta come la tavola circolare di terracotta di Anassimandro mostrava, e però Anassimandro era perfettamente consapevole che si trattava di una semplice parvenza, e che le cose, quelle vere compresa la Terra, vale a dire l'insieme di tutte le cose, stavano in ben altro modo e restavano inattingibili, inarrivabili.
La distesa, l'ideale superficie piatta, di cui abbiamo detto all'inizio a proposito della Genesi, quella distesa da cui tutto principia, con Anassimandro è diventato un *hardware*, qualcosa di solido, un modello concreto, materiale, che non viene sovrimposto alla Terra, adattato ad essa come un mantello, ma cui la Terra deve al contrario adattarsi, perché è il modello che la sorregge. Una storia

terribile, quella di Salomè, racconta a quale prezzo tutto questo sia avvenuto.
Anche la storia di Salomè noi crediamo di conoscerla davvero; esattamente come quella di Ulisse e Polifemo, crediamo di ricordarla e di sapere che cosa significhi. L'immagine della bella ragazzina che danza davanti al vecchio re e a tutta la sua corte, e ne suscita il desiderio, è un'immagine che resta impressa: ma la danza dei sette veli è una invenzione molto recente ed è assolutamente fuorviante, non mette in grado di capire nulla di quello che davvero accade. Anche in questo caso a buttarla sul sesso significa precludersi, come spesso avviene, la possibilità di comprendere, perché in gioco tra Salomè e il vecchio re c'è qualcosa di molto più importante: in gioco c'è il meccanismo del funzionamento del mondo e il suo controllo, cioè il potere. Davvero pensate di ricordare la storia? Torniamo allora a narrarla: vi accorgerete anche voi che forse vi è la possibilità di comprenderla in altra maniera. La danza di Salomè è una danza che non è ancora terminata, almeno per l'immaginazione occidentale, ma ne sappiamo ancora poco. Chi è davvero Salomè? Chi è la figlia di Erodiade che non ha in effetti nome nella storia? Noi chiamiamo Salomè questa ragazza soltanto perché uno storico, Flavio Giuseppe, lo stesso che ha narrato della lotta tra i romani e gli ebrei, ci dice che Erodiade aveva una figlia che si chiamava Salomè. E la storia di Salomè viene raccontata nei Vangeli da Marco e Matteo, ma né Marco né Matteo danno un nome a questa danza-

trice. Noi la chiamiamo Salomè ma già qui stiamo inventando qualcosa.

Quando la famosa danza di Salomè davanti ad Erode e alla sua corte ha luogo, i protagonisti principali della storia, i più volitivi, i più decisi, gli irremovibili davvero, che sono due, Erodiade da un lato e Giovanni Battista dall'altro, sono fuori scena, sono invisibili, non appaiono. Erodiade è fuori dalla sala, appostata nelle immediate vicinanze di essa, in attesa che quello che ha progettato vada a compimento. Giovanni Battista è invece in prigione, dove Erode lo ha gettato per meglio proteggerlo, probabilmente, dalle mire di Erodiade. Come informa l'evangelista Marco, Erode teme Giovanni e vigila su di lui e anche se ogni volta che lo ascolta resta perplesso, tuttavia Erode lo ascolta sempre molto volentieri.

Ma perché il re dovrebbe temere qualcuno che arriva, come Giovanni il Battista, dal deserto, e che non ha nemmeno di che coprirsi? Insomma, qual è il potere di Giovanni, la ragione della soggezione che incute proprio a chi comanda su tutto? Lo spiega il nome di Giovanni: il «Battista», cioè colui che dà il nome alle cose. Il potere di Giovanni è quello del linguaggio, il potere del *logos* inteso come parola o verbo, il potere di chi, assegnando i nomi a ciò che esiste, stabilisce in tal maniera il contorno, l'ambito, la condizione attraverso la quale il potere stesso del re può esercitarsi. Il potere del re, quello terreno, si esercita su ciò che è. Ma chi è che stabilisce che cosa davvero esiste se non chi dà i nomi? È

Giovanni, la radice del cui potere, che precede evidentemente quello di Erode, risiede nella facoltà della nominazione.
In ogni caso siamo fin da qui già avvisati: Salomè, la ragazzina un po' ingenua e un po' maliziosa che abbiamo in testa, non è la protagonista di una torbida storia di passioni innaturali, come alla fine dell'Ottocento Oscar Wilde ci ha fatto credere. Al contrario la storia di Salomè è quella della passione forse più naturale per tutti gli uomini e le donne: il potere, che certo può passare anche attraverso il sesso, ma soltanto per servirsene come strumento.
È il potere che vuole Erodiade, e per questo mette avanti a Erode sua figlia: avendo capito, la mamma, di non esercitare più il fascino di una volta sul vecchio re, di non riuscire più a sedurlo. Il vecchio re offre alla bimba metà del suo regno purché essa continui a danzare per lui. Danzare significa muoversi vorticosamente senza perdere mai l'equilibrio, eppure rischiando ad ogni momento di cadere. Basta allora pensare che la durata, cioè la stabilità, è il primo problema di ogni potente, e che non esiste potente che non debba confrontarsi con il fatto che il mondo cambia continuamente e vorticosamente, per comprendere con facilità la reale natura dello scambio proposto da Erode: metà di quello che ha in cambio del segreto per conservare il proprio potere per sempre. Altro che il vecchione e la verginella. All'offerta la piccola esce dalla sala e corre dalla mamma, in cerca d'istruzioni sul da farsi. E quando torna dentro Sa-

lomè pronuncia la frase più terribile che sia mai stata pronunciata da bocca umana: «Voglio subito su un vassoio la testa del Battista».
Nessuno, proprio nessuno, ha mai davvero saputo o almeno ha raccontato che cosa davvero Salomè ed Erodiade, madre e figlia, si siano dette nell'attimo della verità, quando cioè si sono incontrate fuori della sala e la madre ha istruito la figlia. È lo stesso attimo che già abbiamo incontrato nel corso delle nozze sacre tra Giove e la Terra, quello in cui lo sposo scorge il corpo nudo di Ctòn, della sposa, e che qui corrisponde al momento in cui Erodiade espone alla bimba che è sua figlia, guardandola negli occhi, il proprio desiderio. Possiamo soltanto supporre quello che davvero si sono dette. La supposizione più plausibile l'ha avanzata, alcuni anni fa, René Girard, cui tra l'altro si deve una ricostruzione della storia dalla quale quella che stiamo raccontando, che tuttavia è molto diversa, prende qualcosa.
Erodiade, sostiene Girard, dice a Salomè semplicemente di chiedere al re la testa del Battista. Così dicendo, continua Girard, la madre si esprime nel linguaggio naturale che tutti noi, abitualmente e quotidianamente, adoperiamo. Ora tale linguaggio non può funzionare senza metafore, cioè, detto molto alla buona, senza quel meccanismo per cui una parola significa allo stesso tempo più di una cosa – e per il quale, nello specifico, chiedere la testa di qualcuno significa volerlo vedere morto. La mamma parlando di testa vuole semplicemente significare di chiedere a Erode di

mettere a morte il Battista. Ma la figlia, continua René Girard, è una bambina e non comprende la logica del linguaggio naturale, sicché prende assolutamente alla lettera quel che la madre dice. Fuor di metafora la testa è una testa, non è nient'altro, ecco perché tornando al cospetto del re, dice Girard, la bimba produce la sua micidiale, curiosa richiesta. E però nell'interpretazione di Girard manca qualcosa, è assente la ragione della cosa più importante la cui presenza irrompe in maniera inaudita, violenta e micidiale in questa storia: manca la spiegazione del perché del vassoio sul quale la testa deve essere, secondo la bimba, posta. Così come tutta la storia dello scontro tra Ulisse e Polifemo è retta dalla comparsa del tronco d'ulivo, allo stesso modo lo scontro tra Erodiade e il Battista è retta dalla comparsa del piatto che Salomè domanda.

Si noti che per rappresentare una testa decapitata non è affatto necessario che vi sia un piatto. Nell'iconografia occidentale almeno un'altra scena rappresenta l'esito di una decapitazione, e si riferisce alla storia di Giuditta e Oloferne. Ma non c'è un quadro che non mostri Giuditta che tiene per i capelli la testa di Oloferne, reggendola con la mano. All'opposto non vi è un quadro che non mostri la testa del Battista se non su di un piatto. Non esiste cioè un'illustrazione dove la testa del Battista sia retta con le mani come Giuditta tiene per i capelli la testa di Oloferne, e viceversa.

In fondo la storia di Salomè non è nient'altro che la comparsa di questo piatto, la spiegazione della necessità dell'esistenza di questo supporto che entra così nella cultura occidentale in maniera decisa, ma che già però si era insinuato per così dire di soppiatto (è proprio il caso di dirlo) con Anassimandro. E anche in questo caso se la comparsa è di fatto netta e repentina, a livello discorsivo è il prodotto di un'autentica insinuazione. Il dato davvero tragico dell'intera situazione è insomma esattamente questo: nessuno chiede su un piatto, consapevolmente, la testa del Battista. Lo fa Salomè certo, ma soltanto perché Salomè non comprende la richiesta materna, non distingue tra significato metaforico e significato letterale del linguaggio, ed è proprio nello scarto tra i due significati che, senza essere voluto da nessuno, il piatto compare nella storia di Salomè e ne diventa l'assoluto protagonista, sino a campeggiare al centro di ogni illustrazione di essa. Ed è proprio di tale intrusione, ed unicamente di tale intrusione, che la storia di Salomè serve a dare conto.

Ora, come sappiamo bene tutti, ma forse l'abbiamo dimenticato perché lo facciamo più volte al giorno, non si può mettere su un piatto una cosa che sia viva, e se la cosa da mettere sul piatto è grande, come un corpo umano per esempio, bisogna farla a pezzi. In questo caso si tratta della testa, la cui scissione comporta, guarda caso, la lacerazione della fonte di potere del Battista, il taglio della gola, l'organo del linguaggio. Così tutto ciò che resta sul piatto è semplicemente una bocca inerte. Insomma non si può mettere niente su un piatto, senza con ciò ridurre quello che è sul piatto a segno, a qualcosa che sta per qualcos'altro, come recita la definizione scolastica, medievale di simbolo. Senza la tavola piatta non si darebbero segni, e proprio questo è, tra le altre cose, il significato della terribile storia di Salomè, della sostituzione cioè del *logos* del linguaggio con quello della tavola. Essa illustra il prezzo e la tecnica dell'invenzione della Terra. Il termine con cui, nei Vangeli, si definisce il piatto sul quale viene adagiata alla fine la testa del Battista, è esattamente lo stesso che serviva a designare la tavola circolare di Anassimandro: *pinax*. Dunque la storia di Salomè e quella di Anassimandro raccontano la stessa vicenda, con la differenza che Salomè sacrifica la testa di Giovanni e Anassimandro, come i suoi contemporanei avevano perfettamente inteso, sacrifica il corpo vivente della Terra intera.

La storia di Salomè, Erode, Erodiade e il Battista insegna come alla fine questa testa sia diventata, alla lettera, una vivanda, qualcosa di cui ci si alimenta per vivere: tant'è vero che ancora oggi noi chiamiamo Battista, per antonomasia, la figura del maggiordomo che reca i piatti in tavola.

8
«La Terra è una testa»

Che la Terra sia una testa (e adesso sappiamo anche di chi) lo afferma il più grande geografo dell'antichità, Tolomeo. Tolomeo era un egiziano che scriveva in greco ma che era suddito romano nel II secolo d.C., al tempo del massimo splendore dell'impero. Abitava ad Alessandria, la più straordinaria delle città che siano mai esistite, non soltanto nel Mediterraneo: luogo d'incontro di tutte le fedi, le credenze, le dottrine, le teorie, dove insomma tutti i modelli del mondo convergevano e si mescolavano. Non c'è nessuna città oggi che possa competere con quello che allora era Alessandria.

Tolomeo era l'ultimo dei sapienti greci, perciò custode di una tradizione, di un sapere che nella sua figura si deposita in maniera definitiva e assolutamente esemplare. E fu proprio Tolomeo a rivelare alla cultura occidentale, tra l'altro, uno dei suoi massimi segreti, forse il più importante: l'arte di trasformare il globo in una mappa, in una carta geografica.

Chiamiamo ora per tradizione *Geografia* l'opera in cui questo avviene, e nel Cinquecento essa era nota come *Cosmografia*, ma la traduzione letterale del titolo greco suonerebbe qualcosa come «Guida al disegno della carta geografica della Terra». Più precisamente: per quel che ne sappiamo Tolomeo fu il primo a produrre mappe talmente sofisticate da rendere l'impressione visiva della curvatura terrestre, pur preservando fino ad un certo punto le distanze relative tra le varie località. Un'arte che è insieme una tecnica, perché l'operazione di Tolomeo è matematica, i suoi calcoli sono calcoli astronomici. Fu Tolomeo perciò ad insegnare (se non proprio ad inventare) quelle che noi oggi chiamiamo proiezioni, cioè i procedimenti con i quali trasformiamo la tridimensionale sfera terrestre in un disegno piatto dotato di due dimensioni soltanto.

Tolomeo chiama tali procedimenti «modi di conoscenza». Proiezione è invece un termine moderno, inventato dai traduttori quattrocenteschi del testo tolemaico, scomparso dalla cultura occidentale con il crollo dell'impero romano e riscoperto attraverso Bisanzio soltanto all'inizio del secolo che termina dando avvio alla modernità. Essa è una parola che proviene dall'alchimia, dall'arte di trasformare le cose, di trasformare le sostanze. La polvere di proiezione era quella polvere che nel procedimento alchemico, soppiantato tra Seicento e Settecento dalla chimica moderna, entrava nella fase finale, decisiva, ultima: cosparsa sul vile metallo, trasformava finalmente questo in oro, nella sostanza più preziosa. La proiezione, dunque, era l'agente di una grande trasformazione, della più grande che si potesse mai concepire, che per i moderni era appunto quella della mutazione del globo in una mappa. Così essi lessero e tradussero Tolomeo alla ricerca di tale segreto in grado di trasformare compiutamente il globo in una mappa. Sembra semplice ma non lo è affatto, anzi è matematicamente impossibile.

Oggi crediamo di non essere più tolemaici soltanto perché non crediamo più che la Terra stia al centro dell'universo, come Tolomeo insegnava nel suo *Almagesto* – espressione araba che significa «il più grande», e si riferisce al fatto che tale opera è il maggiore dei lavori astronomici dell'antichità giunti fino a noi. Ma ci sbagliamo, perché ogni volta che noi apriamo un atlante, senza saperlo (cioè senza ricordarlo) siamo invece assolutamente tolemaici: non a proposito della nostra immagine del cosmo, ma di quella della Terra. Per quest'ultima non c'è mai stato ancora nessun Copernico o Keplero, cioè nessuna figura analoga a quella degli scienziati che, insieme con Galileo Galilei, nei primi secoli dell'epoca moderna hanno reinventato il modello del cielo e smantellato il sistema geocentrico. Fu Tolomeo infatti a stabilire il sistema di coordinate (latitudine e longitudine), cioè di distanze calcolate rispetto all'Equatore e ad un meridiano convenzionale, di cui ancora oggi ci serviamo per identificare ogni punto della superficie terrestre. Di più, e ancora prima: fu Tolomeo a ridurre ad un insieme di punti geometrici la faccia della Terra, in base alla regola dell'equivalenza generale tra le varie località. Fu Tolomeo insomma l'inventore di quello che si chiama il reticolo geografico, di quel sistema con il quale abbiamo fin qui addomesticato il globo e l'abbiamo tradotto in spazio, e che ancora oggi conserva la forma e le regole originarie. Proprio per questo Tolomeo è il primo e principale tra i geografi moderni, sebbene il mondo da lui conosciuto e cartografato si limitasse alle terre intorno al Mediterraneo.

Di fatto si continuò a ristampare Tolomeo fino al 1570, fino cioè alla comparsa del primo atlante moderno, il *Theatrum orbis terrarum* del fiammingo Abramo Ortelio. Il che è per molti versi sorprendente, se si pensa che la geografia di Tolomeo si limitava a descrivere l'impero romano, quello che noi chiamiamo il mondo antico, prima che ogni idea del Nuovo Mondo si affermasse in Occidente: basti far caso che l'estensione dell'Africa conosciuta, che si arrestava al Sahara, era quasi equivalente, sulle mappe di allora, a tutto il resto dell'Europa e dell'Asia. Ma la ragione dell'apparente paradosso è semplice: il vecchio Tolomeo è il geografo della modernità proprio perché egli è il primo a descrivere la Terra in termini spaziali, cioè secondo il sistema che proprio in epoca moderna inizia a regolamentare in maniera sistematica il mondo intero. Ecco perché Tolomeo è anche il geografo di Colombo: non perché la sua opera contenesse indicazioni sul mare Oceano che separa il Mediterraneo dalle terre americane, ma perché forniva, con lo schema spaziale, il principio (la logica) che consentiva di pensare quest'ultime in termini di continuità e di omogeneità rispetto a quelle già note, non soltanto procedendo da sinistra verso destra (dunque via terra), ma anche all'incontrario, da destra verso sinistra, via mare. L'abbiamo infatti appena ricordato: la regola dello spazio è che qualsiasi parte è perfettamente equivalente a qualsiasi altra, indipendentemente dalla sua natura.

Di più: è proprio l'affermazione di Tolomeo che vuole che il mondo sia una testa a rendere finalmente comprensibile, se presa alla lettera, l'avventura di Colombo. Che la Terra fosse un globo era, anche verso la fine del Quattrocento, considerazione banale sulle rive del Mediterraneo e dell'Europa atlantica. Ma prima di Colombo, e nel suo stesso tempo, i navigatori (Martin Behaim, Vasco da Gama per non citarne che un paio) si limitavano a costruire materialmente o idealmente un modello sferico della Terra e cercavano quindi di provare che esso funzionava.

Colombo fa esattamente il contrario, e per questo scopre un nuovo mondo: prende (o costruisce egli stesso) un globo e cerca di dimostrare che la Terra funziona secondo il modello, non che il modello s'adegua alla Terra. Perciò mentre tutti gli altri uomini di mare continuavano a cercare le Indie attraverso la punta dell'Africa, non per il ponente ma scendendo a sud e proseguendo verso levante, Colombo procede in senso opposto, e inventa così l'Occidente. Davvero torna in mente la logica di

Salomè: una testa è una testa. Lo si può dire con le parole di un geografo che a scuola ci hanno fatto studiare come filosofo, e che più di tre secoli dopo Colombo scrive, a proposito della «sicura via della scienza», che quando essa fu trovata risultò molto più importante della scoperta del «famoso Capo di Buona Speranza», cioè insomma proprio della rotta che Martin Behaim cercava e Vasco da Gama scoperse.

La sicura via della scienza consiste non nel seguir le tracce di quel che si vede in una figura, ma al contrario nel trar fuori da essa quel che noi stessi vi abbiamo messo. Con le celebri parole del nostro autore: Galilei, Torricelli e tutti gli altri moderni «indagatori della natura furono colpiti da una luce», compresero che «la ragione scorge soltanto ciò che essa stessa produce secondo il suo disegno, e capirono che essa deve procedere innanzi con i principî dei suoi giudizi basati su stabili leggi e deve costringere la natura a rispondere alle sue domande, senza lasciarsi guidare da essa sola».

L'autore è naturalmente Kant e la citazione è tratta dalla prefazione alla seconda edizione della *Critica della ragion pura*. Si tratta di un passo che, sebbene migliaia di volte commentato, riserva ancora qualche sorpresa, se soltanto si riflette che anche in questo caso non c'è metafora che tenga: una via è una via, e un disegno è un disegno. E questa via è prima disegnata e poi praticata. In altri termini: qui Kant dice non soltanto che quel che chiamiamo conoscenza è, nella sua

costituzione, il risultato dell'effettivo, materiale processo di conoscenza della Terra, ma anche che quest'ultima dipende da un preliminare schizzo, da un originario modello composto da una materiale struttura e da un'espressione grafica che già contengono la logica del processo in questione. E il processo (l'esplorazione, l'effettuazione del percorso sulla retta via) è naturalmente conseguente rispetto al modello.
In altri termini vi è un'assoluta continuità tra Anassimandro e Kant. Il primo riduce la Terra al suo cadavere grafico, il secondo riconosce (implicitamente) la priorità di tale cadavere rispetto al corpo vivo della Terra, e fa discendere dalla costituzione logica di quello le regole per la conoscenza di questo. Con assoluta buona pace di un celebre filosofo parigino dei giorni nostri per il quale la differenza tra moderno e postmoderno consisterebbe nel fatto che mentre nella modernità la mappa è la copia del territorio, nella postmodernità il rapporto sarebbe rovesciato: per la prima volta il simulacro (la tavola, la rappresentazione geografica) precederebbe il territorio. Come dire allora che già Kant sarebbe postmoderno, per tacere di Anassimandro. Ma se il celebre filosofo parigino avesse ragione il più postmoderno di tutti sarebbe Cristoforo Colombo: così tra l'inizio della modernità e quello della postmodernità non vi sarebbe più nessuna differenza, la prima sarebbe la seconda e viceversa. Con Colombo infatti la rappresentazione geografica (la tavola, la mappa) prende il

posto del mondo, ricomprende ed assorbe tutto quel che esiste: la carta, cioè lo spazio, il primo degli strumenti della modernità, che proprio con Colombo si afferma.

9
Di chi è l'uovo?

Sotto la data del 25 settembre quel che resta del diario di bordo del primo viaggio di Colombo riporta la storia di un'allucinazione collettiva: al tramonto del giorno Martín Pinzón, capitano della «Pinta», sale a poppa della propria nave e grida di aver avvistato terra. Tutti allora salgono sull'albero maestro e sulle sartie delle tre caravelle e confermano l'avvistamento, compreso Colombo. Soltanto il giorno dopo si scoprì che ciò che sul far della sera precedente era sembrata la terra era invece il cielo. Cos'era accaduto? Era accaduto che tutti avevano sostituito alla faccia della Terra l'immagine cartografica, la carta: la carta dell'Oceano disegnata dal più grande e misterioso dei cosmografi moderni, il fiorentino Paolo dal Pozzo Toscanelli, e che molto probabilmente Colombo recava in copia con sé.

Se davvero Colombo conoscesse la carta in questione, ora persa ma sulla cui esistenza non vi sono dubbi, è ancora disputa storiografica accesissima. Gli storici spagnoli sono certi dell'esistenza di un rapporto epistolare tra Colombo e Toscanelli, propiziato dal canonico Martinéz, corrispondente portoghese del cosmografo. Per altri si tratta di un falso allestito dai portoghesi, allo scopo di prendersi parte del merito della scoperta, e di conseguenza parte della scoperta stessa, delle terre del Nuovo Mondo. Per altri ancora si tratta di un'invenzione di Bartolomé de Las Casas, l'ultimo ad avere in mano, per quel che ne sappiamo, l'originale del diario colombiano: invenzione che – se l'ipotesi fosse vera – potrebbe estendersi in tal modo anche al testo del diario riportato sotto la data del 25 settembre, dove, senza mai nominare il Toscanelli, si racconta che per tutto quel giorno Pinzón e l'Ammiraglio si erano chiesti come mai non si fossero ancora imbattuti in certe isole che pure, secondo una carta in loro possesso, avrebbero già dovuto incontrare. Anzi il grido d'avvistamento coglie Colombo chino a carteggiare proprio su tale immagine, insieme con il pilota e tutti i marinai. Sicché alzando gli occhi tutti credono di vedere terra soltanto perché sono convinti della sua esistenza in quel punto, e sono convinti dell'esistenza della terra in quel punto soltanto perché l'hanno visto sulla carta, soltanto perché è la carta a dirlo.

Colombo e la sua impresa americana costituiscono uno dei pochi argomenti di cui più tempo passa e meno se ne sa di preciso. Si prenda ad esempio il famoso episodio, passato in proverbio, dell'uovo di Colombo, che a scuola tutti abbiamo appreso. In realtà, Colombo non schiacciò mai un uovo sul tavolo per mostrare la forma della Terra. Che la Terra fosse rotonda lo sapevano, anche a quei tempi, almeno tutti coloro in grado di leggere Seneca, Cicerone, Agostino, Tommaso d'Aquino, tanto per fare qualche nome senza scomodare i geografi. Anche in questo caso, è vero proprio il contrario di quello che da piccoli abbiamo appreso: il merito di Colombo (conviene ripeterlo) non è quello di aver mostrato la rotondità della Terra, ma di averla ridotta ad un'enorme mappa, dunque ad un gigantesco spazio, anzi alla serie di innumerevoli spazi, termine che per Colombo come per Tolomeo equivale all'intervallo tra un nodo e l'altro nel reticolo dei meridiani e dei paralleli. Per dare un senso corretto al fittizio episodio dell'uovo di Colombo dovremmo allora completamente capovolgerlo, e fissare la nostra attenzione non sull'uovo, ma al contrario sul tavolo che lo regge: perché l'impresa colombiana si risolse proprio nella trasformazione dell'uovo terrestre in un'estensione piatta, continua, omogenea come i tavoli (o le tavole, cioè le carte) sono.

In realtà, come riporta Giorgio Vasari nelle sue *Vite* dei più eccellenti artisti fiorentini, fu Filippo Brunelleschi a schiacciare un uovo su un tavolo per far comprendere al governo fiorentino come intendeva far reggere su se stessa, senza bisogno d'armature, la cupola del duomo di Santa Maria del Fiore, quella che, con le parole dell'Alberti, una volta realizzata fece ombra a tutti i popoli della Toscana. Sicché la domanda è la seguente: perché Colombo diventa Brunelleschi e Brunelleschi Colombo, che cosa o chi li accomuna al punto da diventare interscambiabili?

Elusiva e imperscrutabile, e soprattutto silenziosa, dietro i due principali artefici della modernità si profila una sola figura, quella del Toscanelli. Del suo rapporto, vero o presunto, con il navigatore genovese si è già accennato. Ed è ancora il Vasari ad informarci che proprio dal Toscanelli il Brunelleschi apprese le arti matematiche. Veramente il Vasari scrive: «Egli imparò la geometria da lui», dove non si capisce subito chi dei due sia il docente e chi lo scolaro. Sembra quasi che al cospetto della geometria i soggetti scompaiano nell'assolvimento del loro compito, quello di trasmettersela l'uno con l'altro.

L'opera del Toscanelli (nato nel 1397 e morto nel 1482) attraversa l'intero Quattrocento fiorentino e si staglia in controluce dietro tutte le grandi imprese e le grandi opere del tempo, senza lasciar di sé quasi nessuna testimonianza scritta che arrivi fino ai giorni nostri. Ma non ci si arrischia molto nell'affermare che la sparita carta dell'Oceano, di cui oggi esistono soltanto ricostruzioni, doveva essere la sintesi di tutto il suo sapere: che era quello di un astrologo, di un matematico, di un medico, di un cosmografo, di un filosofo neoplatonico, di uno speziale, cioè di un commerciante di spezie. Il sapere insomma di un umanista, teorico e allo stesso tempo molto pratico, di un uomo incline allo studio dei classici ma anche ad interrogare tutti i viaggiatori che provenissero a Firenze da terre lontane, e pronto a mettere insieme l'informazione empirica con l'astrazione matematica.

Si comprende meglio tutto questo se si pensa che tra il Quattrocento e il Seicento la penisola italia-

na era il paese dove si concentrava il più gran numero di informazioni e di modelli che riguardavano il funzionamento del mondo. Era, cioè, il paese dove si produceva ed esercitava il massimo dell'*intelligence* planetaria, noi oggi diremmo. Negli archivi e nelle biblioteche di Roma, di Venezia, di Genova, di Firenze, era custodito un patrimonio di sapienza, di documenti, di conoscenza degli affari del mondo che non aveva rivali, così come non avevano rivali i capitali custoditi dai mercanti di quelle città. Sarà Venezia a lasciare per ultima questo primato, con il viaggio che nel 1681 il veneziano Vincenzo Coronelli, uno degli ultimi cartografi italiani, compie alla corte del Re di Francia per costruire i grandi globi che in Italia non poteva, per mancanza di mezzi, costruire.
Con la chiamata a Versailles del Coronelli, ultimo detentore e rappresentante della grande tradizione cartografica e cosmografica della penisola, il saper fare relativo alla modellizzazione del mondo valica per sempre le Alpi e trasloca definitivamente nelle capitali e nei grandi centri dell'Europa continentale precocemente impegnati nella costruzione statale o nell'espansione coloniale, oppure nel controllo delle ultime organizzazioni imperiali: Parigi, Amsterdam, Vienna.
Ma ai tempi del Toscanelli il primato era ancora italiano. E così egli scrive nella lettera che accompagna nel 1474 la sua carta indirizzata al Re del Portogallo: «Rimetto a Sua Maestà una carta fatta con le mie mani, nella quale si trovano disegnati i vostri lidi e le isole dalle quali il viaggio si

dovrebbe incominciare, sempre verso occidente, e i luoghi ai quali si dovrebbe giungere e quanto si dovrebbe declinare dal polo e dalla linea equatoriale, e quanto spazio, ossia quante miglia, converrebbe percorrere per giungere ai luoghi fertilissimi di ogni specie di aromi e di gemme. E non vi meravigliate se chiamo porti occidentali quelli dove sono gli aromi, mentre quelli comunemente si chiamano orientali, perché quelli che navigheranno continuamente a ponente, per mezzo della navigazione agli antipodi, raggiungeranno dette regioni».
Alla vigilia della prima guerra mondiale, un poeta ingiustamente dimenticato scriverà: «Noi europei conosciamo troppo mondo. Colombo non s'accorse del male che faceva. La storia procedendo ad occidente si ritroverà dov'era partita. Dunque, la terra è tonda per ironia?». E forse, viene allora da pensare e concludere, proprio l'ironia è il segreto del Toscanelli e della sua figura che ci appare sempre e soltanto di profilo, come l'ombra di se stessa.

10

Perché il Rinascimento si chiama così

Il made in Italy, la speciale ed elegante forma degli oggetti che da noi si producono, è tutto ciò che oggi resta dell'antico primato italiano relativo al sapere e al saper fare, ai modelli che riguardano le cose del mondo, la sua produzione e il suo funzionamento. Il più potente e fortunato dei quali fu, per tutta l'epoca moderna, la prospettiva lineare chiamata appunto fiorentina: detto alla buona quel meccanismo valido allo stesso tempo per la percezione, la raffigurazione e la costruzione del mondo che è quel che accomuna Toscanelli, Brunelleschi e Colombo, e in base al quale noi crediamo che le dimensioni degli oggetti dipendono dalla distanza dall'osservatore. Naturalmente non è così. Se noi crediamo che più le cose sono lontane e più sono piccole, più sono vicine e più sono grandi, è soltanto perché siamo moderni, e soltanto perché vi sono stati un secolo e una città (il Quattrocento e Firenze) che hanno inventato un modello terribile, pervasivo, onnicomprensivo, il quale in epoca moderna avvolgerà tutto il globo: la prospettiva lineare, cioè il punto di vista spaziale, qualcosa che nemmeno Ulisse, nella fretta della fuga, aveva fatto in tempo a definire.

Anche gli antichi avevano la loro prospettiva, ma sapevano benissimo che la dimensione degli oggetti non dipende soltanto dalla lontananza o dalla vicinanza, dalla loro distanza, ma anche dall'angolo visivo, perché gli antichi sapevano benissimo che la retina del nostro occhio è curva. E davvero è straordinario come alla fine, tutto sommato, la storia della conoscenza del mondo è una storia in cui due globi, due palle, due sfere (quella della terra e quella del nostro occhio) facciano tanta fatica a riconoscersi, a mettersi in contatto, per così dire, e a guardarsi come davvero sono. Fateci caso la prossima volta che vedrete sorgere o tramontare la luna o il sole: sulla linea d'orizzonte il sole e la luna appaiono molto più grandi rispetto a quando sono esattamente sulla nostra testa, allo zenit. Perché? Non perché sia cambiata la distanza, che resta la stessa. E nemmeno per gli effetti della rifrazione, che pure intervengono nel dilatare le dimensioni dei corpi celesti che sorgono o tramontano. Il cambiamento decisivo riguarda l'angolo visivo, l'angolazione che i corpi stessi presentano rispetto a chi guarda, quella che muta durante il dì per il sole e durante la notte per la luna, e che fa sì che di conseguenza mutino le loro dimensioni apparenti.

È proprio a Firenze, nel Quattrocento, che la maniera di vedere il mondo cambia rispetto a quella degli antichi, e diventa quella che per noi è normale, molto diversa da quella che regola la fisiologia dell'occhio. È soltanto a Firenze, nel Quattrocento, che si cominciano a vedere le cose come le cose non sono, in funzione della distanza metrica degli oggetti rispetto al soggetto: si comincia cioè a guardare il mondo dal punto di vista spaziale. E vi è una formidabile figura, un formidabile simbolo che rappresenta, come meglio non si potrebbe, tale rivoluzione senza la quale la modernità non esisterebbe. È l'emblema che Leon Battista Alberti, il massimo dei teorici della prospettiva, sceglie per se stesso: un occhio con le ali, completamente staccato, svincolato dal resto del corpo e che vola per conto proprio. Come per ogni emblema del Rinascimento, anche in quello dell'Alberti sotto il simbolo vi è un motto, che in questo caso recita: «Quid tum». È un interrogativo che può tradursi con: embè, e adesso, e mo'? E vuol dire: che cosa diventa ora il mondo, se uno dei cinque sensi, l'occhio, diventa autonomo e non è più costretto a mettersi d'accordo con gli altri quattro? La risposta dobbiamo ancora darla, e più il tempo passa, più davvero essa diventa difficile, perché il divorzio fra il corpo e l'occhio diventa oggi sempre più insanabile.

Gli storici dell'arte, però, non hanno dubbi: la prospettiva lineare moderna, la prospettiva alla fiorentina non è nient'altro che la copia della proiezione di Tolomeo. L'unica differenza è che la proiezione di Tolomeo lavora, per così dire, in verticale e invece la prospettiva moderna lavora in orizzontale.

A provare la discendenza della prospettiva dalla tecnica tolemaica della trasformazione del globo in una mappa, cioè in spazio, stanno anzitutto le date. Alla fine del primo decennio del Quattrocen-

to, Iacopo Angelo, fiorentino, ritraduce dal greco la *Geografia* di Tolomeo, la riporta in Occidente da dove era scomparsa con il crollo dell'impero romano. E qualche anno dopo, alla fine del decennio successivo, Filippo Brunelleschi pone mano alla prima architettura costruita secondo il principio prospettico moderno: il Portico dell'Ospedale degli Innocenti, che è il monumento più importante di Firenze, e forse proprio per questo è il meno visitato. Si tratta di un luogo davvero fantastico, un luogo dove, tanto per cominciare, la differenza tra una generazione e l'altra, tra quelli che adesso sono giovani e quelli che invece giovani non sono più, risalta in maniera sorprendente.
Tutto cominciò, io credo, con i Beatles, verso la metà degli anni Sessanta, con i brevi filmati che un regista allora famoso, Richard Lester, iniziò a fare per il lancio delle loro canzoni: gli antenati degli attuali *videoclip*. Erano filmati molto veloci, dove le immagini si muovevano in maniera sorprendentemente rapida rispetto al ritmo cui fino ad allora si era abituati. Così chi abbia oggi una certa età percepisce meno fotogrammi al secondo di chi invece è più giovane, proprio perché nel frattempo l'abitudine, l'esercizio alla visione di immagini molto più rapide ha fatto sì che le nuove generazioni guardassero il mondo molto più velocemente di quelle precedenti. Il prezzo che chi è giovane paga è quello di fare molta più fatica a percepire le sfumature. E questo sotto il Portico degli Innocenti diventa decisivo. Al suo interno la nascita della modernità si gioca sul filo di pochi

millimetri, una sfumatura che oggi facciamo più o meno fatica a distinguere ma che per l'occhio ben diversamente esercitato di un fiorentino dell'inizio del Quattrocento doveva essere qualcosa di assolutamente e immediatamente evidente. Il modello è proprio quello di ogni tragedia: all'inizio tutto è a posto, tutto funziona; è alla fine che le cose si complicano maledettamente e non soltanto non si comprende ma nemmeno si può tornare indietro.

All'inizio significa una volta entrati nella scatola magica, sotto il portico stesso, e dopo essersi collocati esattamente dove Brunelleschi ha voluto che lo spettatore si ponesse, cioè in corrispondenza della porta cieca che è ad una delle due estremità. Fino a questo punto siamo ancora dentro il mondo classico: tutte le rette del pavimento sono parallele, tutto funziona a dovere. Ma alla fine, cioè sul fondo del portico, in corrispondenza del punto di fuga che si trova di fronte all'osservatore, al centro del finestrino collocato sulla parete opposta, le stesse linee appaiono convergere lievemente, dando la chiara impressione che se prolungate all'infinito, vale a dire se entrassero dentro la finestra stessa, finirebbero per toccarsi e riunirsi in un punto solo: una cosa, cioè, che la cultura occidentale impiegherà più di quattro secoli ancora per ammettere, con la scoperta nell'Ottocento delle geometrie non euclidee.

Nel frattempo, almeno per i primi quattro secoli dell'epoca moderna, l'occhio dice qualcosa che il tatto assolutamente non comprende, perché è il contrario di ciò che esso registra. Provate a far scorrere due dita lungo i bordi paralleli di un tavolo e, poi, immaginando infinita la lunghezza del tavolo stesso, chiedetevi se i bordi, prolungati all'infinito, si incontrano. La risposta sarà no, evidentemente. E la risposta dipende dalla vostra sensazione tattile. Ma di fronte a qualsiasi immagine prospettica siamo invece evidentemente costretti ad ammettere che due linee parallele, se prolungate all'infinito, si incontrano. In altri termini: sotto il Portico degli Innocenti, forse per la prima volta nella storia dell'umanità, la vista afferma programmaticamente il contrario di quello che dice il tatto. E da tale dissociazione almeno altre due cose si originano, all'inizio della crisi dell'uomo moderno: la schizofrenia, perché la mente non sa più a quale senso prestare fiducia, e la pornografia, perché tra il vedere e il toccare d'improvviso si spalanca un invalicabile abisso.

Forse proprio perché è la culla (alla lettera: si vedrà tra un momento) della crisi dell'uomo moderno, si frequenta in genere il Portico degli Innocenti molto meno di quanto un monumento di tale importanza meriterebbe. Ma un'altra ragione, molto pratica e concreta, teneva lontani dal portico i fiorentini e le fiorentine, almeno di giorno. E quando qualcuno di notte ci si avvicinava, lo faceva nella maniera più furtiva possibile. Dov'è che il Brunelleschi colloca precisamente il primo punto di fuga materialmente installato al mondo? Che cos'era quel finestrino di cui si è già parlato, verso il quale convergono tutte le parallele dell'asse visuale, posto sul fondo della campata piena che chiude a settentrione il portico?

Era la cassa continua, in funzione fino al 1875, dentro la quale si infilavano i trovatelli, gli innocenti, i bambini i cui genitori «si erano sottratti ai doveri di natura», come spiegava un biografo ottocentesco del Brunelleschi. Insomma, il vertice della prima concreta prospettiva era un pertugio che immetteva concretamente da un mondo all'altro, che davvero segnava il materiale passaggio da una condizione all'altra, da uno stato all'altro, dall'anonimia biologica del fanciullo che non poteva o voleva essere riconosciuto da chi l'aveva procreato ad una identità che era politica, perché una volta immessi attraverso la finestrella nella ruota che depositava il corpicino nel letto sottostante si diventava figli cioè cittadini di Firenze, si acquistava finalmente la visibilità richiesta dalla piena appartenenza al consorzio degli uomini. Una visibilità, però, che si otteneva proprio sparendo nell'oscurità, proprio perché si era inghiottiti da un altro mondo, dal mondo che premeva dietro la finestra, entrando nel quale gli innocenti, chiunque fossero, acquisivano lo stesso nome e diventavano Innocenti. Si trattava, insomma, di una vera e propria seconda nascita del neonato. E, d'altra parte, da dove il Rinascimento prende il proprio nome se non da tale rinascita?

Davvero viene in mente, in proposito, quel che dice il Goethe del *Viaggio in Italia*, quando a proposito del paesaggio della nostra penisola parla di una «seconda natura che opera a fini civili». Non a caso Goethe si esprime in tal modo al cospetto della grandiosità delle rovine romane, le stesse in cui per anni Brunelleschi, prima di costruire il portico, si era aggirato in compagnia di Donatello. Ma che cosa davvero preme dietro il punto di fuga? Che cosa si intravede? Che cosa minacciosamente si annuncia?

11
Terra, spazio, territorio

In virtù di che cosa il neonato inghiottito dal punto di fuga del Portico degli Innocenti subisce la propria grande trasformazione? Che cosa ne rende possibile la metamorfosi?
Leon Battista Alberti non ha dubbi circa la natura di quel che s'intravede dietro il punto di fuga, anche se ha ancora qualche timore nel nominarlo: l'infinito, il vuoto, l'assenza di un centro stabile e fisso. In altri termini il contrario dello spazio, il contrario della grande visibile figura moderna del mondo di cui la prospettiva è il principale veicolo. Chesterton, lo scrittore inglese, spiegava che il modello della croce contiene al proprio interno una collisione e una contraddizione, ed è questo che ne assicura la vitalità e la forza. Lo stesso vale, in un diverso senso, per la prospettiva. Da un lato essa implica l'infinito, qualcosa che la cultura occidentale riesce a pensare senza difficoltà soltanto nel Settecento. Dall'altro, la sua forma è la matrice di un progetto, di un disegno, cioè di un piano di trasformazione, anche in senso politico, dell'esistente: include l'intervento su tutto quel che è finito. La trasformazione del finito attraverso l'infinito: è questa la grande con-

traddizione che sta alla base della modernità. Ed è quella contraddizione di cui il più grande degli artisti fiorentini del tempo ha compiuta coscienza. Sto parlando di Michelangelo e delle statue che ancora oggi, in copia, ornano la Piazza della Signoria, la Piazza dei Signori come allora si chiamava.
È ancora nelle *Storie* del Vasari che si trova il racconto dell'accoglienza che nel 1504, circa un'ottantina d'anni dopo la costruzione del Portico degli Innocenti, il popolo fiorentino riserva al David di Michelangelo. In particolare, il Vasari riporta il giudizio di un signore molto importante perché era allora il Gonfaloniere della città, un alto magistrato del comune, Pier Soderini. Il quale quando Michelangelo scoprì la sua grande statua ebbe qualcosa da ridire: qualcosa di futile, in apparenza, ma in realtà di straordinaria importanza per la comprensione della natura della modernità, e di tutto quello che andiamo dicendo.
Bisogna ricordare che molto più di ora Firenze a quell'epoca era una città di artigiani, di artisti, e nessuno poteva sottrarsi alla critica, spesso beffarda, delle proprie opere da parte dei concittadini, per non dire dei diretti rivali. Nel caso del David e di Pier Soderini, il giudizio verte sulla grandezza del naso della statua, che a quest'ultimo sembrava un po' più grande del dovuto. Ed egli non manca di manifestare immediatamente, ad alta voce e in pubblico, la sua opinione, non appena alla statua, in piazza, viene tolto il velo. Michelangelo allora raccoglie un po' di polvere di marmo

rimasta sull'impalcatura, prende gli attrezzi, sale sulla scala, si accerta che Pier Soderini non possa controllare fino in fondo il suo movimento, e facendo finta di colpire sul naso il David con scalpello e mazzuolo, fa cadere a poco a poco la polvere di marmo che ha raccolto. Ad un certo punto smette, scende e chiede a Pier Soderini che cosa adesso ne pensi. E la risposta è: «A me mi piace più, gli avete dato la vita».

Così racconta il Vasari, ed è un episodio che si può commentare in molte maniere, perché è straordinariamente significativo. Limitiamoci ad uno dei tanti possibili modi. Che cosa significa questa storia? Perché le statue di Michelangelo erano così grandi, apparivano così difformi rispetto a quello che fino ad allora si era soliti vedere? Proprio perché per primo Michelangelo concepisce le sue statue per un osservatore che giri intorno a loro liberamente, a 360 gradi. In altri termini, si tratta di opere concepite per essere poste nel vuoto, per essere circondate dallo spazio vuoto e infinito, quello della piazza, proprio la stessa cosa che premeva dietro il punto di fuga della prospettiva. Per questo le loro dimensioni apparivano, agli occhi dei contemporanei, inusitate.

Vi è anche un'altra interpretazione cui la storia dà adito, forse più immediata ed evidente, e riguarda lo stretto, strettissimo rapporto che vi era tra modello artistico da un lato e pratica economica e politica (in poche parole: costruzione del territorio) dall'altro. Se così non fosse, Pier Soderini somiglierebbe troppo a chi, soltanto perché politico, vuol

parlare di cose che non capisce. È vero invece il contrario: non che il Soderini comprendesse necessariamente il discorso artistico, ma tra questo e il discorso politico vi era, a Firenze almeno e almeno a quei tempi, una strettissima connessione.
Spiegano gli storici dell'economia, e più e meglio di tutti Giovanni Arrighi, che il primo ciclo sistemico di accumulazione moderno fu quello messo in atto a Genova nel Quattrocento. Si trattava di un sistema impostato su strategie e strutture che oggi non esiteremmo a definire flessibili, e che però allora fecero di Genova il vero luogo di nascita del capitalismo finanziario moderno. Su che cosa si impostava questo sistema?
Nel Quattrocento, i mercanti-banchieri genovesi (la funzione era unica) si accorsero che potevano trarre ulteriore vantaggio dalle oscillazioni, dalle variazioni del valore di tutte le monete che allora circolavano, compresa quella di Genova; si accorsero cioè di poter trarre sistematico vantaggio dalle differenze di valore relative alla moneta corrente. E ciò mediante l'introduzione di un'unità di conto, una sorta di supermoneta il cui valore non variasse, un invariante. Così nel 1447 fu approvata a Genova una legge che imponeva che tutti i conti relativi alle operazioni di cambio fossero tenuti in moneta d'oro di peso stabile, chiamata «lira di buona moneta» o «moneta di cambio», che s'affermò rapidamente come unità standard di riferimento, imponendo allo stesso tempo il potere economico e finanziario genovese in tutta Europa.

E fu in tal modo che nacque l'ideologia, che ai giorni nostri ancora vale, della moneta stabile, della stabilità monetaria. Senza la lira di buona moneta, senza la moneta d'oro dal peso stabile e dal valore stabile, nel Cinquecento i banchieri-mercanti genovesi non sarebbero mai riusciti a controllare, come invece di fatto fecero, il commercio della Castiglia, a controllare cioè finanziariamente la conquista di quella che adesso noi chiamiamo America Latina da parte della corona spagnola. Furono infatti i mercanti e i banchieri genovesi a decidere, nel 1519, che il titolo di imperatore andasse a Carlo V, che poi divenne re di Spagna, e non a Francesco I re di Francia. I principi tedeschi non avrebbero mai scelto Carlo se i genovesi, mobilitando tempestivamente le proprie lettere di cambio, non avessero consentito ai banchieri tedeschi, come i Welser e i Fugger, di avere a disposizione con un breve preavviso e in molti luoghi diversi, distanti fra di loro, il denaro necessario ad acquistare i voti dei grandi elettori di Germania. Anticipo e tempestività e regolarità dell'anticipo: con tale ricetta fu Genova piuttosto che la corona spagnola a mettere le mani sulla gran parte del Nuovo Mondo. Anche se in apparenza era la corona di Castiglia a trionfare: in realtà ad essa era delegato soltanto quel che oggi chiameremmo il lavoro sporco.

Ma se Genova fu il luogo di nascita del capitalismo finanziario moderno, tra il Trecento e il Quattrocento l'alta finanza moderna fu invece un'invenzione fiorentina. E qui torniamo all'Ospedale degli Innocenti. Rispetto a quella genovese la strategia fiorentina di accumulazione sistemica del capitale privilegia un'altra logica, completamente opposta, almeno in apparenza. Nel corso del Quattrocento la scelta fiorentina fu una scelta che gli storici chiamano territorialista, per distinguerla appunto da quella genovese che viene definita semplicemente capitalistica. Firenze decise di investire i propri capitali nel territorio, coll'annessione del contado e delle popolazioni che lo abitavano, dunque nella conquista, nella cattura della regione circostante, ancora in parte controllata dal potere feudale.

Il progetto fiorentino fu proprio quello di uno Stato comunale o addirittura di uno Stato dalle dimensioni regionali, con un contado politicamente ed economicamente integrato alla città: un modello che oggi a noi sembra normale, ma che nel Quattrocento o nel Cinquecento non era affatto scontato. Lo stesso Ospedale degli Innocenti serviva proprio alla realizzazione di tale progetto, era una grande struttura di servizio non soltanto per la popolazione della città, ma anche della campagna, era dunque un'opera pubblica il cui scopo era quello di fare di Firenze un centro di richiamo, in maniera tale da dilatare la presa urbana molto al di là dei confini della città stessa. E ogni analogia con il funzionamento attuale del mondo, a questo punto, è perfettamente legittima: trapiantato nella Francia del Seicento, dunque a scala più grande e con ben altri mezzi, l'esempio fiorentino sarebbe divenuto il modello dello Stato territoriale centralizzato moderno, dello Stato così come noi oggi lo conosciamo, diffuso sull'intera faccia della Terra. Ha scritto Jacob Burckhardt, il grande storico svizzero del Rinascimento, che «lo stato è un'opera d'arte». E la sua espressione va intesa alla lettera: senza la prospettiva il moderno stato europeo non esisterebbe, o avrebbe una forma completamente diversa, perché proprio la rettilinea sintassi prospettica garantisce la traduzione in spazio del territorio.

12
Nascita di una nazione

Un'espressione artistica, il Portico degli Innocenti, ci ha condotti a parlare delle origini del capitalismo moderno: da Firenze siamo andati a Genova e poi siamo tornati a Firenze, al seguito della doppia modalità della strategia capitalistica di accumulazione. All'interno della strategia genovese il capitale resta liquido, come il mare su cui il capoluogo ligure s'affaccia; all'opposto, nel caso fiorentino il capitale viene investito in ciò che chiamiamo territorio.

Che cosa c'entra la prospettiva con tutto questo? Che cosa c'entra con il territorio la rappresentazione artistica o le statue di Michelangelo? A scrutare le cose un po' da vicino, si tratta esattamente dello stesso problema, e della stessa soluzione. La storia dell'arte italiana, non soltanto fiorentina, è ricca di artisti che ricordano con un po' di rincrescimento la loro illusione, la loro avventura all'estero: richiesti in tutte le corti europee, ben presto si accorgevano, con dispetto e dispiacere, di non essere stati chiamati per la fama delle loro opere, per la qualità delle loro tele o per l'eccellenza e la fantasia dei loro progetti, ma soltanto perché erano a conoscenza di una tecnica, quella della prospettiva fiorentina, soltanto insomma perché detentori del segreto dello spazio, cioè dell'unica formula in grado di trasformare la terra in moderno territorio. E ciò almeno fino al Settecento: si pensi soltanto, ad esempio, alla costruzione di San Pietroburgo.

Insieme con i pittori e gli architetti, espatriava anche in tutta Europa, tra Cinquecento e Seicento, un'altra figura nata in Italia, l'ingegnere militare, il cui compito era quello di diffondere negli stati nazionali in via di formazione quella che veniva allora chiamata la «traccia italiana», il disegno della fortificazione moderna: schema quadrilineare, spesse muraglie di terra, massicci bastioni ai quattro angoli per il fuoco di fiancheggiamento lungo le mura, per tenere sotto tiro ogni palmo di terreno circostante. In tal modo all'esaustività dello sguardo s'accompagnava la cruenta totalità del controllo, dimostrazione davvero formidabile di come la «traccia italiana» fosse un'altra maniera per dire prospettiva, prospettico essendo il principio di costruzione di ogni città da guerra. E territorio, infatti, non è una parola che deriva soltanto da terra, come normalmente si crede; in essa c'è anche il terrore; quel terrore che solo il potere politico può esercitare.

Ma come avviene la traduzione del territorio in spazio? Dopo tutto quello che è stato detto, la risposta che segue sorprenderà, ma soltanto per un momento: esattamente nella stessa maniera in cui a Genova la moneta corrente si tramutava nella «lira di buona moneta», nella moneta di cam-

bio. Sebbene diverse, anzi opposte, la strategia genovese e quella fiorentina funzionano, a farvi caso, proprio alla stessa maniera, secondo quello che si potrebbe chiamare il principio spaziale: secondo uno standard in grado di riassumere e controllare in anticipo, e perciò ricomprendere, ogni espressione di valore locale. In altri termini, la lira di buona moneta genovese, a porvi mente, è l'esatto corrispondente sul piano finanziario di ciò che sul piano territoriale è rappresentato dalla prospettiva lineare fiorentina, che proprio negli stessi anni viene concepita e messa in opera. Quel che cambia è la forma e lo strumento, ma non la logica: in ambedue i casi si tratta della messa a punto di un formidabile e inaudito ordigno, la cui funzione, che è la stessa, consiste nello stabilire, in vista della necessità del calcolo, un rigidissimo criterio di equivalenza generale, un criterio in grado di riassumere e cancellare all'interno del proprio ambito ogni differenza qualitativa. E riesce a fare questo in virtù di un immutabile standard che trasforma ogni valore in quantità, cioè in frazione di una quantità astratta: le monete circolanti in frazioni di moneta di sconto, e i luoghi in spazio.
Da questo punto di vista si tratta esattamente della stessa procedura. Ma la prospettiva non si limita a questo. Essa non soltanto colonizza il territorio, che evidentemente esisteva anche prima di assumere, in epoca moderna, una forma spaziale. Essa colonizza anche quello che oggi si chiama l'immaginario delle persone, la nostra maniera

di immaginarci e di figurarci il mondo. Almeno dall'età di Pericle in poi, colonizzare significa non soltanto occupare materialmente una porzione di Terra, ma anche controllare a distanza, attraverso i modelli mentali che la gente adopera. E proprio a Firenze, tra Ottocento e Novecento, noi abbiamo una straordinaria testimonianza di tutto ciò.

Perché la gente adopera un modello mentale piuttosto che un altro? In forma lievemente diversa questo era anche il problema di Picasso, di cui vale la risposta. Notava Picasso che tutte le generazioni sono affannate da problemi che, nel volgere del tempo, sono gli stessi: le persone hanno, di epoca in epoca, le stesse paure, gli stessi dolori, le stesse speranze. Eppure, notava Picasso, ogni generazione è differente dall'altra. E si chiedeva: come può accadere? La risposta era che ogni generazione differisce dalla precedente e dalla seguente perché ogni generazione vede cose diverse da quella che la precede e da quella che la segue. Da questo punto di vista (espressione inconcepibile senza l'esistenza della prospettiva) la prospettiva è un formidabile modello mentale, il più completo e totalitario che esiste, proprio perché è insieme un modello di costruzione del mondo, di percezione del mondo e di rappresentazione del mondo. Di qui la sua straordinaria potenza.

Ma si diceva della Firenze dell'Ottocento e della straordinaria durata, tenuta, validità del modello prospettico, della sua capacità di plasmare quel che oggi si chiama l'immaginario della gente. Non a Firenze, dove non c'era bisogno, ma in tutto il nostro paese. Mi riferisco alle fotografie dei Fratelli Alinari. Se c'è stato un mezzo, fino all'avvento della televisione, che ha indirizzato e configurato la conoscenza dell'Italia da parte degli italiani, esso è stato proprio il documento fotografico prodotto a Firenze dagli Alinari. Tutti quanti noi abbiamo studiato l'immagine del nostro paese, cioè la storia dell'arte, su testi illustrati quasi esclusivamente con le loro foto. Tutti noi ci siamo scambiati per decenni e decenni le loro cartoline, e abbiamo spesso pregato sotto riproduzioni artistiche degli Alinari senza sapere che, così facendo, altro non si faceva che interiorizzare il modello prospettico, il modello che ha consentito a tutti noi di sentirci italiani subito dopo l'unificazione politica del Paese. E anche quando, nell'ultimo dopoguerra, alle immagini fisse si è sostituita, nella produzione dell'immaginario italiano, l'immagine mobile televisiva, le foto degli Alinari sono regolarmente apparse in televisione fino agli anni Settanta: erano quelle che comparivano, accompagnate da delicati arpeggi, negli attimi d'intervallo fra un programma e l'altro, prima che l'avvento negli anni Ottanta della televisione commerciale colonizzasse in funzione della pubblicità fino all'ultimo secondo del tempo televisivo. Ma perché la grande fortuna delle immagini degli Alinari? O meglio, perché proprio gli Alinari?

Se non siamo fotografi professionisti, quando scattiamo una foto ci poniamo il problema di ogni dilettante, quello di interpretare ciò che guardiamo. Gli Alinari hanno lavorato in maniera apparentemente del tutto opposta, e dovevano lavorare in maniera opposta. Nell'Italia della seconda metà dell'Ottocento il problema degli Alinari era quello del passaggio dalla produzione artigianale alla produzione industriale del documento fotografico stesso.

Gli Alinari e la squadretta di operatori di cui si servivano, che raggiungevano le località in treno, dovevano assolutamente produrre un'immagine per così dire omogenea, tale che non si riconoscesse l'opera di un fotografo da quella di un altro. Dovevano cioè produrre una fotografia assolutamente analoga alle altre migliaia, riprese da operatori diversi, in tempi diversi, in luoghi diversi. Tutte queste foto dovevano essere riconoscibili, dovevano avere il loro stile, dovevano avere la capacità di trasmettere la stessa idea. Vi era dunque la necessità di un canone assolutamente rigido, di uno schema standard di lettura, da cui mai emergesse la soggettività di chi era dietro la macchina. Proprio in questo risiede la ragione del successo degli Alinari, nel momento in cui la produzione fotografica passa dallo stadio artigianale a quello industriale. Era un problema apparentemente paradossale, perché si trattava di mettere a punto uno stile che non sembrasse tale, e che attraverso l'obbiettivo sottomettesse, in forma artistica, le ragioni del soggetto a quelle dell'oggetto, conciliando allo stesso tempo queste con quelle.

È proprio questa la grande lezione della prospettiva. E, a farvi caso, tutte le immagini Alinari sono impiantate in maniera prospettica: al centro il monumento o l'architettura, ai lati alcuni elementi, alti edifici, alberi, pali dell'illuminazione che costruiscono una fuga prospettica. Era uno stile soggettivo, locale, divenne oggettivo, nazionale: proprio come l'idioma fiorentino. Era uno stile soggettivo perché inconsapevolmente assorbito attraverso l'educazione fiorentina degli Alinari. Divenne oggettivo proprio perché tutta l'Italia fu fotografata secondo quel canone.

Allo stesso modo più di tre secoli prima il Vasari, con il pretesto di raccontare le vite degli artisti, aveva convinto la cultura europea che tutte le città somigliano a Firenze, o meglio che il modello fiorentino è l'unico modello di città occidentale possibile. Così gli Alinari hanno imposto delle foto che sono oggettive proprio perché sono il risultato di una visione del mondo, quella prospettica, che sistema in termini moderni il rapporto tra soggettività e oggettività. Soltanto guardando queste foto, soltanto interiorizzando in tal modo il modello della prospettiva, gli italiani si sono riconosciuti dotati di una cultura comune, unitaria. Come nella *Critica della ragion pura* aveva spiegato Kant: l'oggettività è nient'altro che la soggettività trasferita su di un piano trascendentale. La prospettiva, allora, è il modello di tale trasferimento, che è quello da cui (senza saperlo?) anche Kant prende le mosse.

13
Ipotesi su Utopia

Si potrebbe rimproverare chi vi parla, che è un geografo, di voler sostenere che la Terra l'hanno inventata i mitografi, gli evangelisti, gli umanisti, i filosofi, gli artisti, tutti fuorché i geografi. Naturalmente non è così, soltanto che dal punto di vista storico, i geografi arrivano sostanzialmente a cose fatte, vale a dire all'inizio del Seicento. Prima della geografia vi era, dopo la cosmogonia e la cosmologia, la cosmografia; e sono i cosmografi, tra Quattrocento e Cinquecento, a riflettere sulla vera forma della Terra e a porsi le questioni che ancora adesso noi ci poniamo. Tutti sapevano che la Terra era sferica, naturalmente, e nessuno credeva che fosse piatta; i problemi nascevano però quando, ammessa la forma sferica, si trattava di conciliare tale modello con tutto il resto che del mondo si credeva di conoscere, secondo due principali direzioni: le opinioni degli antichi e le scoperte dei marinai che tra Quattrocento e Cinquecento costringono a demolire molte delle concezioni e delle teorie esistenti. E la prima regione terrestre che da tale complessa tensione riceve la propria descrizione è quella di Utopia, posta in bilico tra realtà ed irrealtà.

Jean Desmarais (per gli umanisti Paludanus) lodava l'Utopia, il *dulcissimum somnium* di Moro, come l'*Elogio della Saggezza*. Ma le cose sono forse un po' più complicate: tra la follia e la saggezza vi è un rapporto che non è soltanto d'opposizione e contrasto. Tra l'*Elogio* di Erasmo e l'*Utopia* vi è una stretta relazione, non foss'altro per il fatto che la seconda parte di questa (la decisiva) venne scritta, a qualche settimana di distanza, sotto lo stesso tetto che aveva visto la stesura di quello.
La prima parte dell'*Elogio*, concepito nel 1509 valicando a cavallo i passi alpini, si fonda su un'idea principale: che non si dà una ragione astratta, ma che al contrario ogni forma di razionalità dipende dal contesto. In altri termini: non esiste una ragione fondata su regole che, distruggendo ogni differenza locale, possano pretendere di valere comunque e ovunque.
Insomma: lo spazio, il regno dell'equivalenza generale, non c'è, ma al suo posto, aristotelicamente, esistono soltanto i luoghi, l'un l'altro irriducibili perché dotati di qualità specifiche e distinte. D'altra parte il *Moriae Encomium* significa non soltanto l'elogio della follia e insieme di Moro stesso, ma si riferisce anche a quel che in lingua francese si dice *moiré*, e riguarda un tessuto che riflette la luce secondo versi differenti, in cui cioè le componenti sono voltate in direzioni diverse, e perciò trasgrediscono il precetto dell'isotropismo cui ogni estensione nella geometria classica, dunque ogni tavola dunque ogni spazio, deve sottostare.

In altri termini: Erasmo e Moro dicono la stessa cosa, descrivono lo stesso paese, ambedue rivendicano, contro la logica omologante dello spazio che per primi tra i moderni mostrano di comprendere, il diritto dei luoghi a continuare ad esistere, a dispetto dell'inesorabile avvento dello spazio stesso. Se nel caso di Moro davvero di sogno si tratta, è il sogno della conciliazione tra logica spaziale e logica locale, di un luogo che diventa spazio senza per questo cessare di essere luogo, qualcosa di irriducibile a qualsiasi omologazione. Per questo tale luogo di fatto non esiste, anche se sussiste, anche se possiamo pensarlo. E proprio tale letterale ambiguità, tale duplice livello, fonda l'ambigua natura di Utopia, spiega come al contempo essa possa esservi e non esservi, esser vera e insieme esser falsa.
Si rilegga il piccolo poema del poeta utopico Vento-Insignificante che Moro verga sul rovescio del secondo foglio del volume, e che dal latino all'italiano così può tradursi:

Utopo, il mio signore, mi ha reso isola da non-isola che ero.
Io sola, tra tutte le terre, ho rappresentato per i mortali la città filosofica,
pur non avendo nulla di filosofico.
Molto volentieri condivido quel che è mio, senza problemi
accetto dagli altri quel che vi è di meglio.

Certo, è Utopia che parla. Ma che cos'è (o chi è) Utopia, qual è la soluzione dell'indovinello che il

poemetto propone? Per rispondere bisogna tornare al terribile finale della *Repubblica* di Platone, dove Er racconta del cammino che i trapassati debbono compiere sull'arida pianura dell'Ade, all'interno di un paese la cui natura risulta, a farvi caso, alquanto analoga a quella di Utopia: vi sono i fiumi ma nessun recipiente è in grado di attingere la loro acqua, vi sono gli alberi ma essi non fanno ombra. Di quale paese si tratta?
Lo spiega appunto l'indovinello proposto da Utopia. Essa è un'isola, ma all'inizio era un'altra cosa: una penisola, come riporta Raffaele Itlodeo, il marinaio che ne racconta. E una penisola è una quasi-isola, qualcosa cui per essere un'isola manca poco, soltanto qualche tratto. Questo qualcosa non ha nulla di filosofico, ha una natura molto concreta e per nulla ideale, eppure è l'unica cosa che può rappresentare (perché già contiene: esprimere significa far uscire) la città della filosofia, e ciò accade nel seguente modo: quel che essa detiene viene trasmesso agli uomini, da cui essa accoglie le cose migliori. All'inizio, insomma, vi è qualcosa che, per essere quel che sarà alla fine, ha bisogno soltanto di una lieve modifica: essa avviene mutando quel che è interno in quel che è esterno e viceversa, in tal maniera che quel che vi è di più concreto si trasforma, pure restando quel che è, in ciò che di più filosofico ed ideale si possa concepire. Mahāvīra, matematico indiano del IX secolo d.C., spiegava che lo zero diventa ciò che gli si aggiunge. Il caso presente è ancora più complesso: quel che possiamo pensare e rappresentare, e di

conseguenza se del caso realizzare, dipende non soltanto dalla nostra mente ma anche da una struttura concreta, non naturale ma artificiale, che in qualche maniera già lo incorpora. Rappresentare qualcosa è un atto che da un lato mette allo scoperto la forma latente di tale struttura, che si trasmette alla forma di quel che viene rappresentato, dall'altro esso modifica la forma e la natura del piano materiale sul quale la rappresentazione si svolge, pur lasciandolo allo stesso tempo inalterato. Tale piano non equivale allo zero, perché non si limita a divenire la figura rappresentata, ma la co-determina. Allo stesso tempo, esso costituisce l'unica possibilità perché la rappresentazione stessa possa aver luogo, e poiché nello specifico si tratta di una forma urbana, di una città ideale, il piano in questione è quello della tavola, della rappresentazione cartografica o geografica che dir si voglia, della mappa insomma.
È su questo piano infatti che i defunti di cui narra Platone nella *Repubblica* compiono il loro viaggio sotterraneo: soltanto se il paese è raffigurato su una mappa gli alberi, che pure vi sono, non fanno ombra e l'acqua dei fiumi, che pure vi sono, non si può bere. Il paese c'è, ma allo stesso tempo non c'è. E che Utopia sia per molti versi lo stesso paese risulta chiaro dai nomi.
Sostiene liricamente Louis Marin che l'utopia «è questo non-luogo dove i nomi non designano propriamente, dove non vi è il proprio del nome, dove essi designano l'altro dal proprio; disappropriazione nell'appellazione, assenza nell'indica-

zione della presenza, metafora nel proprio, questa è la possente decostruzione realizzata dai nomi propri utopici: essi creano, nella loro proliferazione, l'altro del luogo, del fiume, della città, del saggio, del senso che non è il luogo, la città, il saggio, il senso ideale, ma la loro depossessione, la loro denuncia nello stesso momento in cui il linguaggio se ne impossessa». Decisamente troppo lirico. Sarebbe bastato dire che i nomi di Utopia sono cartografici, nel senso che designano la natura cartografica del paese cui si riferiscono. Il fiume si chiama Anidro, «senz'acqua», ed è esattamente lo stesso di quello platonico descritto nel mito di Er. Il primo nome che Utopo, nel conquistarla, assegna ad Utopia è Abraxa, che significa «su cui non piove». A sud-est di Utopia si trova il paese degli Acorî, dei «senza regione». Il principe di Utopia viene chiamato Ademo, «senza popolo», la capitale si chiama Amauroto, che vuol dire «appena visibile», ma che può anche intendersi come qualcosa che si può cancellare.

Sicché bisogna bene intendere quel che Moro vuol dire con tali antifrasi quando spiega per lettera a Pierre Gilles che i nomi propri dell'isola affermavano la loro realtà storica proprio nella misura in cui il loro significato «corrispondeva a nulla», *nihil significantia*: l'espressione non vuol dire che essi non hanno alcun senso, piuttosto che essi significano il nulla, cioè che non si riferiscono a *realia*, ma a semplici segni grafici, e proprio in tale riferimento esibiscono il loro carattere storicamente determinato, la propria natura moderna, la propria appartenenza all'«epoca dell'immagine del mondo», per dirla con Heidegger, cioè all'epoca della riduzione del mondo alla sua immagine, dunque a spazio. Come Pierre Gilles spiega al suo amico Busleyden: nel libro di Moro il lettore crede di vedere l'isola «dipinta come se fosse sotto i suoi stessi occhi», dove quel «dipinta» va inteso alla lettera.

Ma se Moro è tra i primi a comprendere il carattere incipiente e ineluttabile di tale riduzione, che un secolo dopo Hobbes assumerà come irreversibile, tutta la descrizione di Utopia è sottilmente animata dalla tensione tra spazio e luogo. Le cinquantaquattro città dell'isola sono «*quasi* tutte uguali». Il «piano di tutte è identico e, *per quanto consente la posizione*, anche l'aspetto». Le loro piazze «sono tracciate in modo acconcio *sia per i trasporti, che contro i venti*». Insomma: la rigidità, l'uniformità e la serialità del piano, che esistono, sono ovunque e in ogni caso temperate dal rispetto per il dato naturale, che introduce differenze magari lievi ma decisive tra un impianto e l'altro, sicché nessuna città, come nessuna piazza e nessuna via, obbedisce al criterio dello standard che è la marca spaziale definitiva e per eccellenza, ma ogni costruzione riflette in qualche misura valori locali. Se davvero, come voleva il Desmarais, si tratta di un sogno, esso riguarda proprio la conciliazione tra spazio e luogo, tra gli opposti estremi della materiale costituzione della modernità. Utopia è il luogo che diventa spazio senza cessare di essere luogo. Essa è insomma «il paese che secondo il nome non esiste» soltanto perché essa è una mappa, che come tutte le mappe può stare dappertutto sicché non sta davvero da nessuna parte. Essa è un'isola perché ogni mappa è un'isola, rappresenta cioè un brano della faccia della Terra separato e a sé stante, e in tale separatezza consiste – esattamente come nel racconto di Raffaele viene narrato – l'origine del suo carattere artificiale. Utopia esiste e insieme non esiste perché la sua esistenza si limita all'immagine cartografica, sicché essa c'è e allo stesso tempo non c'è. È la sua natura cartografica a renderla un congegno spaziale, nel senso che è lo spazio il prodotto che il piano della tavola, la struttura tabulare che accoglie il disegno, comunica, «impartisce» dall'interno. Ma insieme il «meglio» (per riprendere l'altro termine dell'indovinello) che essa riceve dall'esterno, dalla mente di Moro, si condensa non soltanto nel valore del luogo, nel rispetto del dato naturale, nella consapevolezza della specificità delle relazioni particolari tra gli uomini e gli ambienti ma nell'idea, o meglio nella speranza, che luogo e spazio (qualità e quantità, singolarità e standard) non fossero per sempre e ovunque l'un l'altro antagonisti e incompatibili.

14
Complicazioni medievali

Tutta l'età medievale era stata impegnata in un sottile, unico esercizio: conciliare il mito biblico della Terra piatta, della Terra come distesa, come estensione, con l'idea della Terra rotonda come risultava dalle osservazioni dell'astronomia greca. E la soluzione (che qui viene presentata nel suo tipo ideale, a dispetto delle molteplici variazioni sul tema) era consistita nella messa a punto di una doppia concezione: come ecumene, cioè come ambito abitato e conosciuto, la Terra si considerava piatta; ma considerata dal punto di vista astronomico, come corpo celeste e non terrestre, la Terra invece aveva un corpo sferico. È chiaro che la conciliazione tra questi due punti di vista distinti poteva attuarsi in una sola maniera: attraverso la concezione alquanto ristretta e limitata dell'ecumene, cioè della terra emersa in quanto distesa piatta, quella distesa che sarebbe stata la porzione abitabile della Terra. Il problema è che tra Quattrocento e Cinquecento proprio tale angusta concezione venne scardinata e messa in crisi, non tanto dagli studiosi e dai professori universitari, ma dalle imprese dei naviganti e dei marinai come quel Raffaele Itlodeo, barese, che

Moro fa tornare da Utopia. I due schemi, che il Medioevo cerca di conciliare, erano schemi molto antichi, che risalivano da un lato alla Bibbia, dall'altro alla filosofia stoica del II secolo a.C., e in particolare, per quanto riguarda la sfericità della Terra, al filosofo che rispondeva al nome di Cratete di Mallo, che a Pergamo in Cilicia aveva diretto la biblioteca. E a tale figura si accompagnava, né poteva essere altrimenti, quella grande, molto maggiore, di Aristotele.

Qual era dunque il modello che nel Medioevo si immaginava facendo confluire le due tradizioni, quella di Aristotele e quella di Cratete di Mallo? Si partiva da una sfera, ricoperta per la maggior parte d'acqua, e su questa sfera si rappresentavano quattro minuscole isole. Cicerone e poi Macrobio parleranno addirittura di macchie, per significare l'estrema piccolezza della loro estensione. Sulla vastità della sfera queste quattro macchie risultavano diametralmente opposte l'una rispetto all'altra, separate dall'immensa dilatazione dell'oceano. Al riguardo i Padri della Chiesa dovevano porre grande attenzione, perché si trattava di difendere il fondamentale principio cristiano dell'unicità dell'umanità discesa da Adamo, e riscattata da Cristo. Di conseguenza, in virtù dell'impossibilità della comunicazione tra le isole, una sola di esse ospitava l'umanità, ed era l'ecumene vera e propria, sicché le altre tre venivano considerate inabitabili e perciò deserte, in funzione dell'impossibilità ad accedervi. In tal modo davvero la piccola ecumene cristiana, raggrumata su una sola del-

le isolette e sperduta sulla superficie di un'immensa sfera liquida, poteva sembrare piatta.
I problemi però nascevano quando ci si riferiva ad Aristotele, o almeno alla sua versione medievale. Si assegnava allora infatti al modello aristotelico composto di quattro sfere concentriche (quella della terra, dell'acqua, dell'aria e del fuoco) la proporzione di uno a dieci tra il volume di un elemento (di una sfera) e l'altro. Tale rapporto tra il volume di un elemento e quello del successivo spiegava non soltanto l'ordine decrescente della loro densità, ma anche quello crescente della loro estensione, in maniera da giustificare al riguardo l'insignificanza del corpo terrestre rispetto a quello acqueo. Ma come era possibile, se le sfere erano concentriche, che una briciola di quella terrestre, la più interna di tutte, emergesse dalle acque? Non vi era per l'uomo del Medioevo che una sola possibile risposta: grazie all'intervento della Divina Provvidenza, di cui era eco, nella Bibbia, il racconto del progressivo ritiro delle acque del diluvio universale.
Ma il discorso del modello della Terra piatta in quanto ecumene e della Terra sferica come corpo celeste si complica, perché per tentar di capire come nel Medioevo si concepisse compiutamente la Terra, si tratta di fare i conti con una terza teoria, un terzo schema: lo schema delle zone abitabili della sfera, la teoria delle zone come brevemente si dice, attribuita in origine a Parmenide, che risale dunque alla prima metà del V secolo a.C.

Questa teoria divideva la sfera orizzontalmente in cinque regioni: due ghiacciate, e pertanto inabitabili, ai due poli, e a cavallo dell'equatore un'altra zona, altrettanto inospitale e invalicabile, quella torrida, ed era proprio quest'ultima, affocata esattamente come la pianura che le anime debbono attraversare nel mito di Er, a separare le due zone temperate, una per emisfero, le sole suscettibili di accogliere popolazione. Evidentemente questa tradizione, quella delle zone abitabili, non si accorda immediatamente con la teoria che discende da Cratete, e si trattava infatti di metterle d'accordo, come si fa o si tenta di fare, ad esempio, nel *Trattato della sfera* di Giovanni di Sacrobosco, che è del Duecento. Restava in ogni caso la questione delle questioni: se si postula che le zone abitate, o meglio abitabili, sono due, quelle temperate, una delle quali si trova nell'emisfero superiore e l'altra in quello inferiore, si pone inevitabilmente il problema degli antipodi cui all'inizio si è fatto cenno, e che tormentò naturalmente tutti i dotti medievali, perché si trattava di mettere insieme un sacco di esigenze teoriche, da quelle teologiche alla rispondenza all'insegnamento aristotelico.
Sta di fatto, senza voler riprendere le discussioni cui nessun rispettabile dotto nel Medioevo poté sottrarsi, che dall'inizio del Duecento fino alla fine del Trecento, sulla scorta del mito cristiano, si accettavano contemporaneamente due dottrine, che erano in contraddizione tra di loro ma che si trattò di far passare come una soltanto: la Terra

piatta, la teoria per così dire corografica (cioè regionale perché limitata ad una porzione delle terre emerse) dell'ecumene da un lato, e la Terra degli astronomi, quella rotonda, dall'altro. Naturalmente le variazioni sul tema furono sostanzialmente infinite e, anche se l'ingegno di ogni dotto si esercitava nel tentativo di metterle insieme e d'accordo, erano tutti molto consapevoli della loro insufficienza e del fatto che, a meno che non si facesse un atto esclusivamente di fede, i problemi venivano piuttosto sottaciuti che affrontati.

Per avere un'idea molto semplice di come si figurasse l'ecumene nel Medioevo cristiano, basta tracciare su un foglio di carta un cerchio ed iscrivervi all'interno una T, in maniera tale che la barra superiore coincida con il diametro del cerchio stesso, sicché quest'ultimo risulti diviso in due metà: la metà superiore è l'Asia e la metà inferiore si divide in Europa a sinistra e Africa a destra. La T si compone in tal modo di tre segmenti, che corrispondono ad altrettanti corpi d'acqua: la metà destra della barra superiore è il fiume Don, e indica il settentrione; l'altra metà è, a sinistra, il fiume Nilo e corrisponde al meridione; tra l'Europa e l'Africa, in basso, l'asta verticale della T è il Mediterraneo, che divide i due continenti. In alto dunque non vi era il settentrione, come noi oggi siamo abituati a concepire, bensì l'Oriente, ed esattamente oltre l'Asia, ai confini della circonferenza, vi era il paradiso terrestre. Per gli uomini del Medioevo l'Asia era il regno dei mostri, un universo favoloso composto di meraviglie, la miti-

ca terra del prete Gianni, oltre la quale si trovava la sede celeste.
Questo era lo schema della piccola ecumene cristiana, spersa nella vastità della sfera liquida. E tutti i racconti di viaggio, tutte le descrizioni del mondo del Medioevo, passano proprio attraverso tre tappe: Gerusalemme, che è al centro del mondo, al centro del cerchio, all'intersezione delle due aste di cui la T si compone, l'Asia e il paradiso.
È chiaro che in tale modello è largamente presente, anzi dominante, un aspetto che va riferito al rituale religioso: che cosa sarebbe avvenuto se allora si fosse concepita la Terra come sferica, se l'ecumene non fosse stata immaginata come piatta? Evidentemente il centro della Terra, non più piatta ma sferica, sarebbe stato all'interno dunque sotterraneo, il che avrebbe portato ad una conseguenza disastrosa: si sarebbero persi di vista i centri sacri in base ai quali esso era orientato. Dunque il centro sarebbe diventato invisibile e assolutamente inaccessibile, qualcosa che non si sarebbe mai potuto ammettere dal punto di vista della visione cristiana del mondo. Ancora Colombo ad un certo punto dei suoi viaggi, di fronte alla foce del fiume che più tardi sarà chiamato Orinoco, crederà di aver toccato il paradiso terrestre a motivo della gran massa d'acqua dolce cui era arrivato al cospetto. Ma tra l'immagine medievale del mondo e l'immagine che ne ha Colombo, c'è di mezzo un'autentica rivoluzione, anch'essa imputabile al ritorno di Tolomeo in Occidente.

15
Il ritorno di Tolomeo

Per quanto riguarda la concezione della Terra nel suo rapporto con l'universo, la modernità inizia con la rivoluzione copernicana. Ma il rilievo che si dà a questa rivoluzione fa sì che un'altra precedente rivoluzione sia assolutamente tenuta in secondo ordine, e sicuramente troppo trascurata se vogliamo davvero capire come si arriva all'invenzione della Terra così come essa per noi oggi è. Tale rivoluzione prende il nome proprio da quel signore, Tolomeo, il cui modello dell'universo viene sostituito all'inizio del Cinquecento da quello copernicano. Ma è invece proprio a Tolomeo (meglio: alla riscoperta della sua *Geografia*) che, per quanto riguarda la Terra, noi dobbiamo l'inizio della modernità, dunque la fine dello schema medievale, impostato sulle aristoteliche sfere concentriche e la concezione corografica dell'ecumene. Il ritorno del testo geografico di Tolomeo in Occidente, all'inizio del Quattrocento, renderà possibile la sintesi di ciò che fino ad allora si presentava inconciliabile: della concezione astronomica e dunque sferica della Terra con la concezione per così dire regionale, che invece la riduceva ad un'isola piatta, a una piccola macchia sulla grande sfera liquida. Tolomeo insegna a «ridurre la sfera al piano», introduce cioè all'equivalenza tra globo e superficie piatta. E la tecnica che consente tale (imperfetta) equivalenza torna ad essere di pubblico dominio proprio quando le imprese marinare oltre le Colonne d'Ercole costringono a dilatare a dismisura l'estensione piatta dell'ecumene, che in tal maniera diventa il rivestimento sferico della Terra, un rivestimento molto più terrestre (e molto meno marittimo) di quanto fino ad allora si fosse mai pensato. È di qui che inizia l'invenzione moderna della Terra, un'avventura finalmente libera da ogni eredità medievale.

L'innovazione costituita dal modello tolemaico fu davvero dirompente. Si pensi soltanto, per esempio, al destino di Gerusalemme, sacro centro del modello medievale della superficie terrestre, che in tal modo perdette ogni primato, ogni funzione di centralità: se infatti l'ecumene diventa, almeno tendenzialmente, la superficie di una sfera non può esservi più un unico centro, ma tutti i punti possono essere considerati tali – dipende dal punto di vista, come proprio Tolomeo con la sua proiezione insegnava. Allo stesso tempo e per la prima volta i mari, che nella visione tolemaica non comunicavano fra loro, parvero estendersi sulla superficie della Terra come fossero dei grandi laghi, diventando qualcosa di circoscritto, anche in questo caso ribaltando ogni precedente formalizzazione. Al contrario di tutta la tradizione omerica, oltre che biblico-aristotelica, che voleva appunto che la Terra giacesse sull'acqua, con Tolomeo il rapporto viene rovesciato ed è il mare, sono anzi i mari al plurale, che, per così dire, giacciono sulla Terra. Ne deriva che ciò che della superficie della Terra non è ancora conosciuto non è più l'acqua ma sono le terre emerse, anche se non si sono ancora viste e raggiunte.

E proprio mentre a Firenze si riscopre la lezione tolemaica, e il modello del mondo viene invertito, un altro grande colpo agli schemi cosmografici medievali deriva, in concomitanza, dal crollo della teoria delle cinque zone climatiche. Ancora a metà del Quattrocento i marinai portoghesi, i più abituati a navigare lungo le coste africane infrangendo il tradizionale divieto delle Colonne d'Ercole, erano ossessionati dall'idea dell'incredibile calore in grado di bruciare i navigli non appena si passava la linea equatoriale, che allora si chiamava la linea dell'equinozio. E ciò nonostante che più d'uno potesse già raccontare d'aver raggiunto la zona torrida e di essere tornato sano e salvo indietro. D'altronde già all'inizio del Trecento Pietro D'Abano riferisce di avere interrogato addirittura Marco Polo sull'emisfero australe, avendo quest'ultimo durante una sua tappa lungo la via della seta (e ritorno) ammirato il sorgere all'orizzonte del polo antartico. Ma un conto era evidentemente l'Oceano Indiano, altra cosa era, al riguardo, l'Atlantico, ancora riguardato come il gran mare delle tenebre.

Soltanto alla fine del Quattrocento, insomma, in tutta Europa gli ambienti universitari, i professori cominciano a credere davvero, sulla scorta delle esperienze di cui gli uomini di mare recavano testimonianza, che la teoria delle cinque zone non sia più valida. Pochissimi ancora osano difenderla, e molti sono costretti, come Pietro Appiano per esempio, a riconoscere a denti stretti che qualcosa non funziona. Dal punto di vista della storia dei modelli scientifici si tratta di un abbandono esemplare per la sua relativa rapidità, come ha argomentato W. G. L. Randles: nel giro di una quarantina d'anni, tra la fine del Quattrocento e i primi del Cinquecento, l'ecumene cristiano-occidentale viene letteralmente quadruplicata quanto ad estensione e, cambiando forma, muta anche natura. Dopo l'impresa di Colombo si riconosce in tutta Europa che l'uomo poteva vivere in qualsiasi parte della superficie della Terra, e quel che fa problema non è la sfericità della Terra ma l'estensione e la sfericizzazione della sua superficie abitabile, il fatto che l'ecumene fosse diventata sferica da piatta che era. E tale mutazione viene riconosciuta irreversibile, a farvi caso, esattamente negli anni che intercorrono tra l'*Elogio della follia* di Erasmo, scritto nella casa londinese di Tommaso Moro, e la stampa nel 1516 di *Utopia*, cioè all'inizio del secondo decennio del Cinquecento, quando nasce la maniera di concepire la sfera terrestre che è ancora la nostra maniera. Essa è definita da un'espressione che risale a quegli anni, e che da qualche tempo non adoperiamo più ma che ancora sarebbe la più propria per definire la nostra Terra. L'espressione è quella di «globo terracqueo», nella quale evidentemente si riflette in pieno la moderna innovazione tolemaica, che riguarda sia la composizione che la forma della Terra stessa, al cui interno l'estensione solido-terrestre non soltanto acquista rilevanza e supremazia rispetto a quella liquida (di fatto non è così: i due terzi del pianeta sono acqua, e soltanto un terzo è dura e compatta) ma, prima ancora, per la prima volta appare dotata di consistenza, continuità e coerenza rispetto a quest'ultima.

Sappiamo anche chi per primo ha adoperato questa espressione, e come spesso accade nella storia della invenzione della Terra, si tratta di un personaggio per così dire minore, non altrimenti famoso. Ad onor del vero in questo caso si tratta di un umanista svizzero di una certa piccola fama, Joachim von Watt detto *Vadianus*, che per primo riesce ad integrare la vecchia teoria aristotelica con le nuove e ormai numerosissime e perciò inconfutabili esperienze marinaresche. Scrivendo nel 1515 a un suo amico un po' più celebre, l'umanista tedesco Rodolfo Agricola, e perfettamente al corrente delle imprese dei naviganti portoghesi e spagnoli, così il Vadiano definisce la Terra: una specie di zolla, una parte della quale emerge dal vastissimo oceano «costituendo una sola rotondità con l'acqua, dalla quale in parte è nascosta e sulla quale in parte sporge».

Evidentemente, nella definizione del Vadiano si nota una qualche cautela. Allo stesso tempo tale definizione non è propriamente originale perché ricorda molto da vicino il modello di Cratete di

Mallo da cui siamo partiti, e che era poi all'origine della tradizione medievale. Ma la grande novità consiste nel contesto, decisamente diverso. Non siamo più nell'ambito aristotelico della meccanica degli elementi e del rapporto tra essi, regolato sulla base della densità che è di uno a dieci. Siamo invece, e definitivamente, in una dimensione che dobbiamo a questo punto chiamare geografica, che riguarda cioè, e per la prima volta, soltanto la configurazione della Terra.

Ed è un duro colpo, non soltanto ad Aristotele ma anche all'interpretazione medievale del suo modello. D'altronde, e conviene ripeterlo, più i marinai si spingevano lungo la costa africana verso il continente australe e più era giocoforza riconoscere che anche in quella direzione si incontrava della terra, tra l'altro perfettamente abitabile. Più insomma si perlustravano le latitudini meridionali più appariva evidente che il rapporto tra le terre emerse e la superficie del mare non poteva essere quell'uno a dieci della tradizione aristotelica medievale.

E però rimettendo tale rapporto in discussione si rimetteva implicitamente ma immediatamente in discussione una questione molto delicata ad esso intimamente collegata, vale a dire la presenza di quell'intervento divino, miracoloso, che aveva fatto sì che la terra emergesse nella forma con cui era emersa: la questione dell'azione che, consentendo appunto l'eccezione alla regola aristotelica, spiegava non soltanto l'esistenza dell'ecumene cristiana, cioè della terra, ma anche la sua natura.

Insomma, all'inizio del Cinquecento era molto chiaro per i marinai che non esistevano due sfere, una d'acqua e una di terra, ma che acqua e terra costituivano un'unica sfera, il cui centro era il centro della Terra. Non solo: era anche chiaro che quel che non si vedeva non era affatto più importante di quel che si vedeva. Toccò ancora una volta a Copernico, lo stesso che polemizza con Lattanzio circa la teoria degli antipodi, dimostrare matematicamente l'infondatezza del modello di derivazione aristotelica. Soltanto dunque alla metà del Cinquecento il mondo comincia ad essere per noi quello che oggi la Terra è.

16
Il fondo dell'abisso e il posto del corallo

Il Seicento è il secolo del globo terracqueo, del globo al cui interno, per la prima volta, si riconosce che la terra e l'acqua stanno insieme e sono unite al centro del mondo, come allora si diceva. Ed è un'autentica rivoluzione, che corre per tutto il secolo ma che nel Settecento già comporta delle modifiche sostanziali, non perché non si riconoscesse più la bontà del modello ma perché a quel punto le cose divennero, sottilmente, alquanto più complicate. È nel Seicento che nasce il geografo, perché una volta riconosciuta la composizione mista, per così dire, del nostro pianeta, anzi della Terra, si aveva bisogno di qualcuno che fosse in grado di esercitare gli strumenti più adatti per la definizione, la più precisa possibile, della forma, dei lineamenti e della logica di questa composizione. Ma allo stesso tempo, già nel Settecento l'espressione globo terracqueo, che pure sarebbe la più appropriata, la più congrua rispetto alla natura e alla forma della terra, viene abbandonata o almeno passa in secondo ordine.
Chi più dice oggi globo terracqueo? Oggi diciamo tutti globo terrestre, se ci riferiamo alla Terra come una sfera, ed è nel Settecento che questa

espressione sostituisce quella precedente, che pure è più corretta, per significare l'opposizione tra un globo celeste, il cielo, dove tutte le costellazioni sono chiaramente visibili, e un altro globo che, in opposizione a quello celeste, verrà chiamato appunto terrestre e che invece mostra le posizioni e le relazioni che tra loro hanno le parti della Terra che sono emerse: le isole e i continenti. È come se – e qui sta la sottigliezza del problema – una volta ammesso che la Terra si compone di acqua e di terra si dicesse globo terrestre per paura dell'abisso liquido che con tale ammissione di fatto si evoca: come se ancora oggi, nonostante tutto, credessimo che la Terra sia una tavola, secondo l'archetipico modello per cui tutte le parti sono immobili, non scorrono, e si trovano tutte sullo stesso piano – come nel Cinquecento iniziano ad essere immaginate. È come se il Settecento, il secolo dei lumi e della razionalità, tornasse ad aver paura di Tiamat, della entità abissale, oscura, profonda da cui, duemila anni prima di Cristo, i babilonesi facevano discendere il tutto. Così il Settecento sente ancora bisogno di Marduk, dell'eroe che sconfigge la primordiale entità liquida, l'abisso d'acqua senza fondo, oscuro e vertiginoso. E con tale impresa esso inizia.

Fare la storia dell'invenzione della Terra significa spesso (s'è già detto, e costituisce buona parte del suo fascino) evocare personaggi ormai quasi del tutto dimenticati, ricorrere a una memoria che si è estinta da un pezzo, anzi a dei nomi che

forse mai hanno avuto quella che si chiama rinomanza. Questo accade anche perché l'invenzione della Terra, il riconoscimento della sua forma e della sua natura, è stata un'operazione collettiva, cui hanno partecipato migliaia e migliaia di protagonisti, spesso sconosciuti; sicché è davvero difficile per chiunque, a questo punto, assegnare dei compiti, delle realizzazioni e dei primati. Però per quanto riguarda la misurazione dell'abisso non vi sono dubbi: il primo che ha misurato l'abisso, che ha sistematicamente tentato di comprendere e ridurre a misura, almeno in Occidente e dopo il timido tentativo di Aristotele, la profondità del mare è stato il conte bolognese Luigi Ferdinando Marsigli, autore tra l'altro di una *Histoire Physique de la Mer*, di una storia fisica del mare pubblicata ad Amsterdam nel 1725, oggi riconosciuta come il primo manuale di oceanografia che sia apparso. E anche nel caso del Marsigli, come per molti altri inventori della Terra, tentare di tratteggiarne il pensiero e l'attività vuol dire mettere in discussione tutte le numerose semplificazioni e schematizzazioni cui la storiografia scientifica ci ha abituato, impedendoci di capire lo svolgimento del discorso scientifico nel suo farsi concreto.
Proprio quando intorno al 1680, ad esempio, inizia quella che Paul Hazard ha chiamato «la crisi della coscienza europea», per cui si tratta di scegliere tra i doveri verso Dio e il sovrano e i diritti della critica e della ragione, Marsigli, educato nel segno delle grandi figure di Cartesio e Galileo, si

arruola volontario nell'esercito di Leopoldo Cesare, vale a dire del re d'Austria, nonché ancora imperatore dei romani, per combattere contro i turchi, contro gli infedeli. E tutto ciò senza per nulla smettere, con le sue parole, «l'incominciata fatica di investigare col fondamento non di sole specolazioni, ma dimostrazioni di fatto, l'ordinata disposizione delle parti che l'Eterno facitore dar volle alla gran fabbrica del mondo». Per Marsigli insomma fare la guerra e conoscere la faccia della Terra è un'unica attività, nel senso che non soltanto si realizza attraverso le stesse operazioni, ma obbedisce ad un'unica logica e ad un unico senso. «Ho scandagliati provincie, e paesi tanti, per fare la guerra, e la pace» scrive Marsigli alla fine del Seicento, negli stessi giorni in cui, a Carlowitz, sancisce la conquista, contro gli Ottomani, del corso del medio Danubio alla casa d'Austria – quel Danubio che è stato il primo, guerreggiando, a perlustrare e a misurare sistematicamente. Ma nell'*Histoire Physique de la Mer*, concepita alla foce del Rodano sul golfo del Leone tra Marsiglia e quella che adesso chiamiamo Costa Azzurra, il suo scandaglio è rivolto verso il fondo dell'abisso marino, e dice proprio il contrario di quel che dicono le corde dei pescatori di corallo, allora gli unici abitanti di quelle spiagge. Per i corallari il mare non aveva fondo perché le loro sagole non erano mai riuscite a toccarlo. Al contrario non soltanto Marsigli trova il fondo, ma fa dire allo scandaglio – kantianamente – esattamente quello che egli decide di dire.

Così come all'inizio del Seicento Galileo aveva abolito il cielo, per adoperare la suggestiva immagine di Bertolt Brecht, aveva cioè infranto il modello celeste di Aristotele, alla stessa maniera, ed esattamente un secolo dopo, Marsigli abolisce l'abisso, ha finalmente ragione di Tiamat. Al suo posto egli inventa la scarpata, quella che noi oggi chiamiamo la piattaforma continentale, e non soltanto afferma che il fondo del mare è unito alle rive (ciò che per noi oggi è scontato ma allora non era affatto ovvio) ma decide anche che esso ne è la «molto regolata continuazione», e che scandagliando dal golfo del Leone alla prospiciente costa africana si troverebbe una struttura in tutto e per tutto simile a quella della costa provenzale, anche dal punto di vista della natura dei terreni e della disposizione degli strati. Come si comprende, sotto sotto (è proprio il caso di dirlo) è sempre la vecchia logica della tavola che lavora, e che impone anche a quel che non si vede (all'abisso) la continuità e l'omogeneità, cui s'aggiunge adesso la simmetria. Come spiegherà Kant nelle sue lezioni di geografia fisica: Marsigli dà al mar Mediterraneo la profondità uguale all'altezza delle catene montuose che lo circondano, cioè dei Pirenei e delle Alpi.

Anche per Marsigli la Terra è una tavola, e anche l'abisso. Ma sulla tavola con cui Marsigli mette in ordine la Terra vi è qualcosa che non trova posto, non perché non vi sia, ma perché non si riesce a stabilire con precisione quale sia, dove sia: il corallo che con i loro ordigni i pescatori portano a riva.

Che cos'è il corallo, un minerale, un vegetale oppure un animale? Come quella del pipistrello (mezzo topo, mezzo uccello), la natura del corallo restava all'inizio del Settecento ancora indecifrata, uno degli enigmi più misteriosi della «gran macchina del mondo», in grado di sfuggire ad ogni classificazione.

All'inizio Marsigli crede che il corallo sia una concrezione minerale, perché la forma e la disposizione dei rami penduli dal soffitto delle grotte sottomarine gli ricordava molto da vicino le formazioni cristalline (che noi oggi chiamiamo stalattiti) già ammirate negli antri dell'anfibia Europa centrale lungo il confine tra cristiani e saraceni. Ma un mattino del 1706, al risveglio, cambia idea perché vede qualcosa di straordinario: un ramo di corallo, immerso la sera precedente in un vaso pieno d'acqua di mare, si era tutto coperto nottetempo di qualcosa (le madrepore) che gli pare molto simile a dei fiori bianchi. E Marsigli pensa allora che il corallo sia una pianta marina proprio perché per lui, uomo del Seicento, la Terra è un globo terracqueo: non soltanto sulla Terra c'è il mare ma nel mare c'è la terra. Cartesio aveva per primo definitivamente stabilito che la Terra e il cielo sono fatti della stessa materia.

Marsigli stabilisce allora la stessa cosa per quanto riguarda la Terra e il mare: l'autore della Natura – scrive nella sua storia fisica del mare – ha voluto con la Creazione fare della Terra «il deposito delle sementi, delle erbe, degli alberi». La Terra mostra tutte le piante che essa contiene perché nessun corpo si frappone tra essa e i nostri occhi. Diverso è il caso del bacino marino, coperto dalla vasta e profonda massa d'acqua che «nasconde le belle vegetazioni di tutte le specie vegetali, che a noi vengono per caso in mano soltanto attraverso la pesca».

Ma la conca del mare non è soltanto la sede delle «belle vegetazioni», è anche il luogo dove abitano i terribili mostri che sono gli ultimi a custodire il segreto che dietro l'espressione «globo terracqueo» si cela.

17
All'insegna del pesce che sputa

Nel Settecento, si è detto, all'idea del globo terracqueo si sostituisce quella di globo terrestre, in opposizione a quello celeste. Il che per molti versi è strano perché, come ha spiegato François de Dainville, il Settecento è proprio il secolo in cui appare a tutti chiaro che è molto più importante per il marinaio conoscere quanti piedi d'acqua sono sotto la sua nave che per il contadino o il pastore sapere quante tese di montagna sovrastano la sua testa. A metà del Seicento, nell'opera che fonda la territorialità dello stato moderno, Thomas Hobbes trasforma in mostro terrestre il Leviatano, che per le sacre scritture era invece il gran dragone che abita il mare, e che con la propria scia bianca e canuta rende la profondità di questo simile ad una pentola che bolle – come traducendo i Salmi si esprimeva Bacone. Con Hobbes il gran mostro diventa invece tutto di terra, tutto terrestre, esattamente come qualche decennio dopo ci si inizierà a rappresentare il globo. La differenza consiste nel fatto che se si riduce la Terra alla sua componente solida e statica, se si elimina il mare dalla sua immagine, ancora una volta la si riduce ad una tavola, perché si cancella da essa ogni traccia di profondità, dell'abisso e degli irresolubili interrogativi che la sua presenza comporta. Conviene ripeterlo: se la Terra conservasse la sua dimensione ctonica (oscura, mobile, profonda, insondabile) il suo centro sarebbe invisibile ed inaccessibile perché coinciderebbe con il centro della sfera, e perciò non vi sarebbe più posto per nessun provvidenziale intervento divino. Accessoriamente, non vi sarebbe posto per nessuna geografia, ma questo sarebbe decisamente il male minore: il mondo intero sarebbe il teatro di un'unica, spaventosa e collettiva, corale tragedia. Come nella grande cosmogonia della modernità occidentale, nel *Moby Dick* di Hermann Melville, che è del 1851, esemplarmente si racconta.

Tutti i geografi e i cartografi ancora si commuovono nel leggere la breve storia, raccontata da Borges, di quel signore che passa l'intera sua vita a disegnare la mappa del mondo soltanto per scoprire, alla fine dei suoi giorni, di aver in realtà disegnato soltanto il proprio volto. È una storia che Borges riprende pari pari da Melville, senza aggiungervi nulla, anzi togliendovi molto. Nel capitolo 44 di *Moby Dick* il capitano Achab, come ogni sera, siede solo in cabina davanti alle sue carte nautiche, riempiendo di tratti gli spazi bianchi e cancellando i segni esistenti, con lo scopo di raggiungere e uccidere al più presto la balena bianca che è la sua ossessione. E mentre così lavora, la pesante lampada di peltro sospesa sulla sua testa oscilla al muoversi della nave gettando sprazzi di luce e d'ombra sulla sua fronte rugosa, come se una matita invisibile – così scrive Melville – andasse tracciando anch'essa linee e rotte sulla carta profondamente incisa del suo volto. Non si potrebbe dire meglio: Achab impersona la mappa, la ragione strumentale, la razionalità volta allo scopo, al piano, al progetto che questa incorpora e produce. E se Achab è la mappa, lo spirito dell'Occidente, Moby Dick è il mondo come globo, mobile, onnipotente, irriducibile, imprendibile, cui non si può letteralmente tenere testa, fare fronte, perché la sua testa è così vasta e curva che gli occhi sono distanziati al punto che se ne possono vedere soltanto uno per volta, spostandosi da un lato all'altro: esattamente come, nell'indicare la scomodità del globo, Tolomeo faceva a suo tempo rimarcare. E vi è una sola maniera per avere ragione di una balena: toccarla, saltare dalla lancia su di essa per finirla. Come Achab con Moby Dick aveva fatto.

Tra il globo, che è Moby Dick, e la mappa, che è Achab, sta il doblone d'oro di Quito, il talismano della balena, l'ombelico del bastimento che il capitano ha inchiodato all'albero maestro come ricompensa per chi avvista la balena bianca, esempio sfarzosissimo delle nobili monete d'oro sudamericane, «medaglie del sole e simboli del tropico». Quest'oro rotondo è l'immagine del globo, e questo lo dice lo stesso Achab, è l'immagine del mondo che come lo specchio del mago rimanda a ciascuno l'immagine del suo io più misterioso. Una moneta però, per quanto abbagliante, non è proprio una sfera. A differenza del globo essa riduce il mondo di cui è immagine ad una coppia di facce, esattamente a quella relazione frontale fondata sulla staticità del soggetto e dell'oggetto cui invano Achab cercherà di ridurre la balena, il leviatano. Una moneta ha due facce, per essa il mondo è letteralmente ambiguo, ha un verso e il suo rovescio, oltre che il sotto e il sopra. E per decidere quale sia la versione dobbiamo arbitrariamente scegliere una faccia o l'altra, come quando, non sapendo come decidere, lanciamo la moneta in aria (imprimendole in tal modo il movimento del globo) e riafferrandola e schiacciandola sul palmo della mano guardiamo se è venuta testa o croce, cioè il globo oppure la coppia di assi ortogonali orientati che esprimono e simboleggiano lo spazio. Una carta invece è dotata di una faccia soltanto, riduce il mondo a qualcosa che non solo è statico, immobile, fisso, rigido come un cadavere, ma anche a qualcosa di assolutamente normativo, perché non ammette alternative. Per questo, e soltanto per questo, ancora oggi noi crediamo così ciecamente nelle carte geografiche. Con le parole di Ludwig Wittgenstein, che s'interrogava sulla certezza: «In generale quello che trovo (per esempio) nei manuali di geografi, lo ritengo vero. Perché? Dico: tutti questi fatti sono stati confermati centinaia di volte. Ma come faccio a saperlo? Quali prove ho? Ho un'immagine del mondo. È vera o falsa? Prima di tutto, è il substrato di tutto il mio cercare e di tutto il mio asserire. Le proposizioni che la descrivono non sono tutte egualmente sottoposte a controllo». Come quella di Wittgenstein, anche la tragedia di Achab è quella di un uomo che voleva far entrare il mondo in una sola immagine.

La conclusione della storia di Moby Dick è così terribile e complicata, al limite del verosimile, che nessuna delle sue trasposizioni cinematografiche ha voluto o potuto farcela vedere: un finale da cui Joseph Conrad, che pure non amava il romanzo di Melville, sicuramente ha preso qualcosa. Dopo l'assalto della balena Tashtego l'indiano è rimasto sull'albero maestro, in cima, ad inchiodare meglio la bandiera sul culmine della nave che sprofonda, inghiottita dagli archi concentrici dell'abisso che si spalanca sotto di essa. Attirato dal vortice, un falco s'abbassa sul pomo di maestra, che insieme con la bandiera è l'unica cosa che ormai spunta, e per caso infila la sua ala tra il legno e il martello. E nel suo rantolo di morte Tashtego, avvertendo il fremito dell'ala che batte, la tiene inchiodata nell'ultimo spasimo, trascinando l'uccello con sé insieme alla nave risucchiata dal gorgo. Scrive Melville che il bastimento, come Satana, non volle andare a fondo finché non ebbe portato con sé una parte viva del cielo. Poi tutto crollò, e il «gran sudario d'acqua» tornò a coprire ogni cosa come all'inizio del mondo.

Soltanto uno si salva, colui che racconta la storia e all'inizio rivela il suo nome. «Chiamatemi Ismaele», così comincia *Moby Dick*, e Cesare

Pavese, gran traduttore della terribile avventura di Achab, inizierà con una diretta variante un proprio romanzo: «Lo chiamavano Pablo perché suonava la chitarra». Rifiutato dal gorgo perché caduto in mare più lontano dalla nave di tutti i suoi compagni, Ismaele s'aggrappa alla bara che Quiqueg, il suo amico ramponiere dal corpo tatuato, s'era fatta costruire prevedendo la fine. E così su un mare tornato una tavola ed aggrappato ad una struttura tridimensionale che però adopera come una tavola egli riesce a mettersi in salvo. Come dire, ancora una volta, che non vi è salvezza, non vi è per l'uomo vita possibile sulla faccia della Terra senza lo schermo, la mediazione costituita dalla riduzione a tavola del mondo, tavola che è allo stesso tempo, in quanto bara, l'abitacolo del cadavere stesso della vita. I greci avevano due termini per indicare la vita: *zoe* e *bìos*. Il primo corrispondeva alla vita come totalità, indistruttibilità, mancanza di inizio e di fine, assenza di limiti, una vita la cui natura coincide con le caratteristiche topologiche della sfera: la vita degli dei, esemplificata meglio di tutti dalla figura di Dioniso – e che Melville rappresenta appunto nella figura della balena bianca. Tutte le altre forme di vita, a partire da quella umana, rientrano nel campo della biologia, e perciò sono limitate, finite, mortali anche quando non sono, per volere divino, subito fatte a pezzi. Alla fine, per Ismaele la provvidenza divina ancora si darà: ma proprio e soltanto nella forma della piatta estensione (marina) e della tavola (della bara). Ancora a segno del fatto che non vi era scampo: soltanto nella configurazione tabulare del mondo era possibile trovare salvezza, e conoscenza.

18
Il fascino del serpente a sonagli

Sul rovescio del doblone di Quito, la moneta d'oro da un'oncia che il capitano Achab inchioda all'albero maestro del *Pequod*, campeggiavano due montagne ed un vulcano: tutte cose di cui a quel tempo si sapeva ancor meno dei mari più lontani. Per strano che possa sembrare, quando tra la fine del Seicento e l'inizio del Settecento si cominciò a misurare sistematicamente l'altezza delle montagne non si sapeva nemmeno come fare. I primi tentativi furono realizzati con le stesse corde e gli stessi scandagli che servivano a misurare la profondità del mare, voltandoli per così dire all'insù: come dire che nell'invenzione della Terra si è prima misurato (o tentato di misurare) quel che non si vede e poi quel che si vede. Ma di là dalla tardiva misurazione scientifica, iniziata nella seconda metà del Settecento con barometri a pressione di qualche affidabilità, l'immagine della montagna entra nella cultura europea attraverso l'opera di viaggiatori molto particolari, autori e protagonisti di un tipo specifico di viaggio: il viaggio pittoresco, aggettivo che oggi rimanda semplicemente alla pittura, ma che allora, alla vigilia della rivoluzione francese, significava un'immagine dalle caratteristiche molto precise e definite, e animata da un'esplicita intenzione. Come si legge nell'*Encyclopédie* di Diderot e D'Alembert: quel che in una composizione pittoresca conta è l'effetto, il colpo d'occhio, ma quel che è essenziale, e fonda lo specifico carattere dell'immagine, è che l'ingombro delle figure umane non deve mai ostacolare la resa più precisa e fedele possibile degli oggetti, delle cose, dei luoghi. Ma di quali oggetti, di quali cose, di quali luoghi?

Per rendersene conto basta sfogliare i magnifici album che riassumono i viaggi pittoreschi più celebri cui lo stesso genere deve la propria fondazione, quelli dell'abate di Saint-Non e di Jean Houël, sontuosi *in-folio* dove le splendide illustrazioni sopravanzano di molto il testo, e ambedue dedicati al Mezzogiorno italiano e alle sue isole. Anche per i viaggiatori pittoreschi vale l'immagine, tanto cara ai romantici tedeschi, dell'Italia come «terra promessa dell'arte», ma essa non basta affatto ad esaurire il loro interesse. Tra i monumenti siciliani che a Houël paiono curiosi ed interessanti figurano cave, saline e tonnare. E nell'iniziale elenco delle doti del regno di Napoli che giustificano la propria impresa il Saint-Non fa esplicito ricorso, dopo la citazione del clima «celebre e ricercato» e delle antichità, al richiamo esercitato da «una moltitudine di fenomeni interessanti i Fisici e i Naturalisti». Così non soltanto le testimonianze dell'eredità greco-romana, le rovine di Pompei ed Ercolano e i templi e gli anfiteatri della Magna Grecia attirano verso il meridione. L'itinerario «pittoresco» si compie per impulso della tensione tra il polo monumentale e quello naturalistico, muove da Napoli, dove sia monumenti che curiosità naturali abbondano, e si conclude al cospetto dei terribili coni vulcanici insulari. In mezzo, se non si procede via mare, si spalanca il boscoso ed accidentato spazio delle Calabrie, finalmente tratto fuori, grazie all'immagine sensibile, dal regno del mito e della leggenda, sottratto ai briganti. Compaiono allora i monti dell'Appennino meridionale, prima estensione al mondo mediterraneo di quella «rivoluzione dello sguardo» affermata sul continente da Rousseau (di cui Saint-Non e Houël sono amici) che finalmente libera la montagna dal dominio del disordine e del caos e che un altro amico di Rousseau, Bernardin de Saint-Pierre, «ingegnere geografo» prima ancora che romanziere, aveva già importato con esito felicissimo nel mondo tropicale. Saranno proprio questi disegni a codificare una figura del meridione italiano (sorta di tropico semidomestico) che resterà l'unica per più di un secolo, anticipando uno stile, fondato sulla fusione tra archeologia ed esotico, che nell'Ottocento riverserà in Europa schizzi della Grecia, della Siria, dell'Egitto, fino ai confini più orientali.

Ma molto più delle gole e delle forre montane, o dei lineamenti costieri, gli oggetti naturali che attirano l'attenzione dei viaggiatori pittoreschi, fino a riuscire con la propria presenza quasi ossessivi, sono i vulcani e le formazioni geologiche a quel tempo strettamente collegate, come i basalti, al dibattito sull'origine e la natura del vulcanesimo. Nell'ultimo scorcio del Settecento tale dibattito impegnò gli scienziati di tutta Europa, tutti i *savants* dediti alla storia naturale della Terra, perché connesso alla questione della natura e dell'origine dello stesso globo terracqueo, e prese la forma della contesa tra nettunisti e plutonisti: i primi difendevano, in accordo con la tradizione biblica del Diluvio, l'idea di un primigenio Oceano Universale, il cui progressivo ritiro sarebbe stato anche all'origine dei sommovimenti vulcanici; i secondi invece, molto più incuranti della verità rivelata, postulavano l'esistenza di un fuoco centrale capace di una diretta azione orogenica, e mettevano perciò in discussione l'idea stessa di Creazione, perché immaginavano non un mondo dato una volta per tutte nei suoi elementi e nei suoi processi, ma al contrario un mondo suscettibile di progressive alterazioni e modificazioni.

Il Vesuvio, l'Etna, lo Stromboli rappresentavano dunque i termini obbligati, i punti focali di un discorso scientifico che, proprio in quanto tale, agente del nuovo ordine civile, doveva in ogni caso ancora impossessarsi del meraviglioso, del prodigioso, di quel che «la corte della vecchia verità» ancora riusciva a trasformare in segno o miracolo, dunque in qualcosa che per definizione sfuggiva ad ogni tentativo di spiegazione.

Hanno chiarito gli storici che il segreto politico dell'Illuminismo si basava sul fatto che tutti i suoi concetti erano politici ma senza mostrarlo. La loro politica consisteva nell'essere apolitici. E proprio tale segreto, il piano della presa di potere da parte della borghesia nei confronti dello stato assoluto, spingeva i viaggiatori pittoreschi a Napoli, a Catania, a Lipari, a Stromboli. Proprio tale segreto, per cui il cataclisma naturale corrispondeva a quello politico e perciò l'eruzione alla rivoluzione, conferiva alle manifestazioni vulcaniche quel «fascino da serpenti a sonagli» cui nemmeno Goethe riesce a sottrarsi.

Tocca in tal modo, e con tale intenzione, all'immagine pittoresca predisporre la diffusione dell'immagine scientifica del mondo, limitandosi però a suggerirla, ad annunciarla senza realizzarla. Il che non toglie che lo stesso processo di produzione di tale immagine fosse scientifico. Per ritrarre le rovine di Pompei e Ercolano, custodite a vista da sentinelle e guardie incaricate di tener lontani i disegnatori, gli artisti al seguito di Saint-Non (tra cui Fragonard e Hubert Robert) debbono adottare una serie di espedienti, aiutarsi vicendevolmente, ma soprattutto, per poter procedere a forza di esami parzialissimi eseguiti furtivamente, debbono anzitutto ricostruire la pianta generale utile alla collocazione della loro miriade di schizzi.

Così alla fine la forma pittoresca rappresenta soltanto l'ultimo esito di un lavorio che si compone della preliminare divisione e successiva rotazione dei compiti tra i membri della squadra, dell'assemblaggio, collazione e comparazione dei risultati singoli e parziali, di continui e ripetuti controlli e verifiche incrociati. Ogni brano del paesaggio pittoresco in tal modo viene a dipendere, nel suo rapporto con il reale, dalla preliminare rispondenza ad una totalizzante raffigurazione spaziale che di pittoresco non ha davvero nulla ma che funziona da struttura nascosta e da intima meta, come una specie di «anima» metallica che ne sorregge le fragili e ornate volute, e che assegna ad ogni singola immagine la stabile e precisa collocazione nel complesso: la raffigurazione geometrico-topografica della «pianta generale» le cui coordinate, preliminarmente stabilite, garantiscono della precisione delle vedute e consentono l'ingegnosità dei rifacimenti, lo spazio dove natura e opera dell'uomo vengono assimilate sotto il comune denominatore di un unico, indifferenziato criterio di misurabilità. È l'ambito in cui la matematizzazione galileiana della natura, o meglio l'idealizzazione della forma spaziale ad essa connessa, viene per tale verso sotterraneamente estesa ai prodotti della storia umana, in vista della loro comune gestione. Ed è la predisposizione dell'immagine necessaria a quest'ultima la vera meta del viaggio pittoresco, raggiunta la quale il viaggio stesso si arresta e quel che è monumentale e quel che è naturalistico diventano un'unica cosa, e la tensione bipolare di partenza si cristallizza in un'unica serie di oggetti. E se, sottoposte ad un identico sguardo, le produzioni naturali e quelle umane vengono sottomesse ad un'unica volontà, rispondono al criterio di un'unica oggettualità, diventa allora del tutto lecito stabilire una sottile analogia tra i processi fisici e quelli storici, tra le catastrofi naturali e quelle sociali, tra eruzioni e terremoti da un lato e rivoluzioni dall'altro. La storia del Mezzogiorno è difatti per Saint-Non una storia di rivoluzioni, il cui elenco serve da introduzione all'opera. E anche per Houël «nessun paese ha sperimentato più rivoluzioni politiche della Sicilia».

Così alla fine l'immagine pittoresca arriva perciò davvero vicino al superamento dell'iniziale contraddizione tra viaggio e racconto da cui muove, e in ogni caso rappresenta molto di più degli oggetti e dei luoghi che riproduce. Ed è da essa che nasce quel formidabile modello di percezione e comprensione della faccia della Terra che chiamiamo paesaggio.

19
Il paesaggio e l’economia della natura

Così come ancora oggi noi lo percepiamo, e ne facciamo l’originaria forma d’approccio nei confronti dei lineamenti terrestri, il paesaggio è stato, tra la fine del Settecento e l’inizio dell’Ottocento, l’invenzione di quella straordinaria figura di geognosta (come allora si diceva per indicare gli inventori della Terra) che è stato Alexander von Humboldt, l’amico per eccellenza del re di Prussia, e che agli scienziati di tutta Europa, tra cui era il più famoso, appariva come un novello Aristotele. La ragione dell’interesse dei borghesi, degli esponenti dell’opinione pubblica, della società civile verso i monti, sia quelli di casa che quelli tropicali, viene rivelata con una semplice formula da Schiller, il grande poeta e drammaturgo: «la montagna significa libertà», nel senso che in montagna non esiste, o si avverte molto meno, il dispotismo di natura aristocratico-feudale che, specialmente in Germania, l’elemento borghese avvertiva come freno alla propria capacità e volontà di espressione e di realizzazione.
E proprio in tale direzione Humboldt, che cita e ripete il motto di Schiller, concepisce e mette in atto la propria strategia, imperniata sul concetto di

paesaggio. Il suo nervoso e formidabile progetto è proprio quello di strappare la borghesia tedesca dalla contemplazione, dai vuoti giochi poetici che la tenevano prigioniera dentro il «regno dell'apparenza estetica», per dotarla invece di un sapere in grado di garantirle al contrario, con la conoscenza, il dominio della Terra: vale a dire il compimento del suo destino storico che nel 1790, a Parigi, il ventenne Humboldt aveva compreso.

E per fare tutto questo Humboldt parte proprio dall'educazione letteraria dei ceti colti, che non sanno nulla delle scienze che servono alla gestione dello stato ma conoscono la letteratura, la poesia, la pittura, la musica. Per Humboldt si tratta di mutare la natura del sapere borghese parlandone però il linguaggio, dunque dall'interno, attraverso una serie di mediazioni. La più potente è quella del paesaggio, che in tal modo per la prima volta nella sua storia inizia negli scritti di Humboldt a trasformarsi da idea estetica in modello scientifico, passa dalla produzione artistica e letteraria in geografia e nelle scienze della natura, acquista una funzione inedita e (letteralmente seppure mediatamente) rivoluzionaria. Per Humboldt proprio la matrice estetica della cultura borghese impone, perché il sapere pittorico e poetico si trasformi in scienza della natura, la mediazione della «veduta» intesa come paesaggio, così come è la «veduta» intesa come opinione, che da questo stesso sapere nasce, ad assicurarne la prosecuzione in critica politica. Per Humboldt, stratega del pensiero critico borghese relativo allo «spazio riempito di cose terrestri», l'uscita dal dominio dell'apparenza estetica ne comporta il completo attraversamento, e proprio il paesaggio viene concepito come il veicolo più adatto per assicurare il transito della società civile verso la conoscenza e il dominio del mondo.

Ma che cos'è davvero il paesaggio? A farvi caso il paesaggio non è nient'altro che quel che della Terra resta dopo che la carta, l'immagine cartografica, ha rappresentato quello che può rappresentare. Esso è insomma la versione opposta ma reciproca del mondo, è il mondo privato di tutto ciò che resta, per così dire, appiccicato alla carta. Il paesaggio è ciò che residua, ciò che resta fuori dalla logica cartografica, dalla riduzione del mondo a una tavola. Ecco perché il paesaggio presuppone un punto di vantaggio dell'osservatore, presuppone un rilievo, un punto di vista elevato da cui guardare: perché esso è il contrario di ogni forma di riduzione ad un'estensione piatta della faccia della Terra.

Proprio perché il paesaggio è il rovescio dell'immagine cartografica, in esso non si danno oggetti definiti, non esistono degli oggetti che siano precisamente delimitati, dotati di confini chiari e distinti. E questo accade non soltanto perché l'orizzonte del paesaggio è sempre lievemente brumoso, come Humboldt e Goethe sapevano e riconoscevano benissimo. Non è soltanto questione di distanza: se la Terra è un paesaggio, anche gli oggetti più vicini non si distinguono l'uno dall'altro, perché essa si presenta come un'armonica totalità di tipo estetico-sentimentale, cui è estranea ogni analisi razionale. A rigore, finché guardiamo e pensiamo in termini di paesaggio non esistono (ancora) nemmeno i singoli oggetti, nel senso che tale organica totalità non ammette nessun tipo di interna separazione, e anzi non esiste nemmeno la possibilità di separare l'oggetto dal soggetto: proprio a tale impossibilità si riferiva il termine romantico *Stimmung*, che significa accordo, vibrazione all'unisono, tra il soggetto e l'oggetto. Se insomma la Terra è un paesaggio, non soltanto tutte le cose stanno l'una accanto all'altra e non si possono separare, ma tale impossibilità include anche il genere umano.

Si tratta di una questione oggi decisiva, che ci costringe a tornare a Kant e alla sua *Geografia fisica*. Spiega l'autore nell'introduzione che esistono due tipi di classificazione, logica o fisica. La prima, che è di ogni vera scienza, costruisce «sistemi naturali» come quello di Linneo, esamina le cose una dopo l'altra, «le unisce con arte e logicamente, e le divide, secondo una qualche somiglianza ritrovata, in nomi e classi, come secondo le unghie fesse», è insomma come un registro «o un inventario delle cose isolate dalla natura medesima». Ad essa si oppone la classificazione fisica, «che segue nella descrizione delle parti le leggi e l'ordine della natura», vale a dire rappresenta le cose naturali «secondo il luogo della loro nascita, o i luoghi sui quali la natura le ha collocate». L'opposizione non è semplicemente metodologica ma epistemologica, dietro le due diverse pratiche operano non soltanto

due differenti procedure ma due contrastanti principî conoscitivi. Kant ammette il grande vantaggio del metodo di Linneo, e ne riconosce senza esitazioni la vittoria. Per Kant Linneo ha fondato ciò che egli chiama «l'economia della natura», è riuscito nell'esercizio di ridurre in termini economici, non dispendiosi perché sintetici, la grande varietà e articolazione delle forme vegetali e animali. Ma come ha fatto? Procedendo logicamente, cioè deportando ad esempio le piante dal proprio contesto originario, riunendole artificialmente, e soltanto dopo classificandole. Più precisamente ha preso tutti i vegetali, ne ha estratto una parte (l'organo di riproduzione), ha messo insieme sul tavolo tutti gli organi di riproduzione simili tra loro e da tali gruppi è risalito alle piante per dichiararle affini tra loro.
Così (e l'esempio è molto elementare) piante che abitano sulla faccia della Terra in posti lontanissimi e tra loro sotto ogni riguardo opposti, poniamo nel deserto del Sahara e nella tundra artica, potrebbero trovarsi, secondo questo sistema, apparentate nella stessa famiglia, nella stessa specie, nello stesso genere, perché presentano una parte del corpo che è più o meno simile. Va bene, dice Kant, si può fare così, anzi è una gran fortuna che Linneo abbia fatto questo. Ma esiste un'altra possibilità, quella che lui chiama la classificazione fisica, tipica della geografia, che per questo non è una scienza, è un sapere. Essa rappresenta le cose naturali in maniera completamente diversa, le rappresenta cioè l'una accanto all'altra, come esse

effettivamente si danno sulla faccia della Terra. Esempio banalissimo: secondo il criterio di Linneo, le componenti della macchia mediterranea appartengono a famiglie completamente diverse, ma secondo il principio di cui Kant enuncia la possibilità nulla vieterebbe di considerare la macchia mediterranea nella sua composizione per essenze come un'unica grande famiglia, perché proprio così essa si offre al nostro sguardo.
Basta pensarci un momento: se il criterio della classificazione fisica che Kant ritiene possibile si fosse affermato, oggi non vi sarebbe nessuna differenza tra l'immagine del mondo che è quella dello scienziato e l'immagine del mondo che noi abbiamo quando apriamo la finestra e guardiamo il mondo stesso. Si sarebbe cioè ridotta, o forse addirittura non sarebbe mai esistita, quella differenza enorme che invece esiste e che ogni giorno noi ci troviamo a dovere sperimentare.
È lo stesso Linneo ad informarci che la sua classificazione deriva direttamente dalla logica cartografica, dall'esempio costituito dal funzionamento delle mappe. Di nuovo siamo alle prese con le ultime conseguenze della riduzione del mondo ad una tavola. Per Kant invece, come sempre nell'introduzione alla *Geografia fisica* si trova scritto, «tutta la descrizione del mondo e della Terra, se vuol essere sistema, deve cominciare con l'idea dell'insieme, e riportarsi sempre ad essa»: ma tale insieme non è la tavola, è il globo. Di conseguenza, la classificazione di cui egli si limita ad enunciare la possibilità non si fonda sulla tavola come l'econo-

mia naturale di Linneo, ma è invece basata sul modello del mondo che rovescia la struttura implicita di tale economia: è basata sul principio del paesaggio. E di questo ci importerebbe adesso assai poco, anzi nulla, se non fosse che, al contrario di quel che si continua a ripetere, il mondo oggi non è affatto un villaggio (tantomeno globale), oggi il mondo è un unico, gigantesco paesaggio. Se il mondo è una tavola, una mappa (e soltanto se è una tavola), esso ha un unico immobile centro, e la vicinanza delle cose su di esso implica il fatto che siano affini e voltate nella stessa direzione. Ma se il mondo è un globo tutti i punti possono essere il centro (il centro cioè è plurale e mobile), e di conseguenza la vicinanza delle cose non implica affatto la loro omogeneità e il loro isotropismo. Come appunto pensiamo (senza accorgercene) soltanto quando guardiamo come paesaggio un brano della faccia della Terra.

20
Girogirotondo

Si può dirlo in altra e più sintetica maniera: se il mondo è una sfera o un paesaggio, e non è più una carta geografica, non esistono più né spazio né tempo. Del che, ancora, ci importerebbe assai poco se non fosse che proprio così, e sempre di più, oggi il mondo funziona, perché esiste qualcosa che chiamiamo sbrigativamente globalizzazione, e che qualsiasi cosa sia significa anzitutto l'impossibilità di continuare a far finta che la Terra non sia quella che essa è, un globo. Il mondo è un globo, qualcosa cioè di funzionalmente discontinuo, disomogeneo, anisotropico, non un universo ma un pluriverso come direbbe Edgar Morin. Il «villaggio globale», l'espressione che Marshall McLuhan mette a punto negli anni Sessanta, è così una contraddizione in termini, non foss'altro perché un villaggio ha un solo centro mentre il globo ne ha innumerevoli.
L'analisi di McLuhan era in realtà un po' più sofisticata, ma anche al suo interno quella che oggi resta nel comune ricordo come la sua più celebre espressione appare una non molto riuscita metafora, a dispetto della sua enorme fortuna. Egli distingueva tra spazio visivo e spazio acustico,

concepiti come ambiti complementari e inseparabili ma allo stesso tempo incommensurabili. Il primo era quello prodotto dall'alfabetizzazione fonetica greca, che mutando la parola in qualcosa di visibile, lineare, statico, segmentabile, aveva trasformato secondo gli stessi criteri la stessa concezione del mondo. Il secondo, figlio dei mezzi di comunicazione elettrici (radio e televisione) e della tecnologia elettronica, avrebbe ricostituito, sulle rovine della civiltà alfabetica, l'ambito che era proprio dell'uomo prima dell'avvento dell'alfabeto: l'ambito dei rapporti di natura sonora, caratterizzati dal fatto di essere non più l'un l'altro successivi, come accade all'interno dello spazio visivo, ma al contrario simultanei. Già all'inizio degli anni Sessanta del Novecento, dunque ancor prima della nascita di quella che adesso chiamiamo per comodità la rete, McLuhan registrava la presenza di «tamburi tribali» elettromagnetici che risuonavano non uno dopo l'altro ma allo stesso tempo, sicché lo spazio acustico (la versione per lui contemporanea del mondo) risultava non soltanto animato da una pluralità di centri ubiqui, ma anche caotico e in continuo flusso: altro che villaggio. In realtà quest'ultimo serviva ad evocare la condizione per cui alla minimizzazione della distanza interpersonale corrisponde la massimizzazione della comunicazione, come si pensa avvenga in un villaggio, dove tutti parlano con tutti: ancora una volta, perciò, secondo il modello insito nel concetto euclideo di estensione. Nei fatti non è così, perché meno che mai oggi la comunicazione è un processo sequenziale, logico e lineare come una funzione matematica.

Si prenda il caso delle città. È davvero paradossale che si continui oggi a parlare di «città globali», che sarebbero quelle città che comandano l'economia mondiale, un'economia che per la prima volta nella storia dell'umanità funziona simultaneamente come un'unica cosa: non necessariamente le città più grandi della Terra (nell'elenco figura Zurigo, ad esempio) ma quelle in grado di controllare l'attività finanziaria e le sue innovazioni. È paradossale perché in quanto tale nessuna città è complessivamente globale, nel senso che le funzioni di comando riferite ai processi di globalizzazione non risiedono mai, di volta in volta, all'interno di un'intera città ma soltanto in una ristretta, e a volte minuscola, parte di essa, circondata da un tessuto urbano che, sebbene topograficamente cioè fisicamente a contatto con questa, tuttavia non ha niente a che vedere con l'esercizio del controllo a scala planetaria, ma anzi è il primo a subirne gli effetti. Si tratta di questioni gravi, che investono il concetto stesso di città e di cittadinanza, e per tale ragione ci riportano all'inizio della nostra storia, al farsi della nostra prima identità.

Non sapere quale sia il centro, e chi siamo, appartiene all'esperienza infantile di tutti noi. Ricordate? «Giro giro tondo, quant'è bello il mondo...» – e la filastrocca continuava volendo all'infinito, con un seguito di frasi apparentemente prive di senso, in cui si susseguivano per immediatamente dileguarsi lune, numeri, galline e così via. Non lo sapevamo, ma tale discontinuo, eterogeneo, disarticolato linguaggio era (e resta) la mimesi perfetta e consapevole del mondo e del suo funzionamento. Oppure vi era la versione rapida e raccorciata, quasi istantanea: «Giro giro tondo, quant'è bello il mondo – casca la Terra, tutti giù per terra!»: al che si smetteva di girare in tondo ognuno con in mano le mani di altri due, e ci si abbassava all'unisono a toccare con ambedue le mani e ognuno per sé la terra – che era una tavola piatta, liscia, continua, fatta tutta della stessa sostanza, e che garantiva in tal modo la nostra stabilità e identità. È su tale abbreviata versione del girotondo che oggi non possiamo più contare, perché adesso nessuna tavola (tantomeno quelle specialissime tavole che sono le carte geografiche) è più in grado di rispecchiare il meccanismo del mondo. Tanto per dire: la materia che ci circonda ha iniziato da qualche decennio (dal 1969 per la precisione) a mutarsi in immateriali unità d'informazione e allo spazio è subentrato il cyberspazio, che è molto più un ecosistema che una macchina, è l'ambiente bioelettronico che esiste ovunque vi sono linee telefoniche, cavi coassiali, linee di fibre ottiche e onde elettromagnetiche: tutte cose che è molto difficile, se non impossibile, rappresentare su una carta, principalmente a motivo del loro scarso o inesistente ingombro, oppure per il fatto che corrono sottoterra, sul fondo del mare o si muovono per aria, eludendo in ogni caso il contatto con la superficie terrestre, la dimensione geografica propriamente detta. Nessuna espressione è più fuorviante, al riguardo, di quella che pure è maggiormente in voga per indicare tale complesso: l'«autostrada dell'informazione». In realtà le cose solide obbediscono, a differenza dell'informazione, a immutabili leggi di conservazione: quel che in un'autostrada va a nord per tornare indietro deve rallentare, fermarsi, e girarsi verso sud, altrimenti il risultato sarà, nel migliore dei casi, uno spaventoso ingorgo. Allo stesso modo, nel mondo materiale produzione e consumo debbono bilanciarsi: in media ciascuno di noi consuma la quantità di riso o di grano, poniamo, che in media ciascuno di noi direttamente o indirettamente produce, e in ogni caso non possiamo assumerne più di una determinata quantità.

L'informazione funziona in maniera completamente diversa rispetto alla nostra realtà fisica: essa può venir replicata ad un costo quasi nullo, sicché in teoria ciascuno può esaurire la produzione dell'intera società, e di fatto ne consuma molto più di quanto ne produce. Si tratta perciò nel complesso davvero di un altro mondo, di un vero e proprio invisibile antimondo, ed è all'interno di esso che è collocato il funzionamento del mondo che vediamo: basti riflettere che moneta ed informazione sono ormai la stessa cosa. Com'è dunque ancora possibile conoscere qualcosa della faccia della Terra, com'è possibile continuare ad assegnare senso ai suoi lineamenti?

L'atto che ha fondato la conoscenza occidentale è consistito nella riduzione del mondo ad una carta geografica, al punto che si crede ancora oggi che la mappa sia la copia della Terra senza accorgersi che è vero il contrario: è la Terra che fin dall'inizio ha assunto, per la nostra cultura, la forma e la natura di una mappa – si pensi soltanto alla crescente rettilinearità degli assi di comunicazione (strade, ferrovie, autostrade) in funzione della crescita della velocità, secondo l'astratto modello della linea diritta, che non esiste in natura ma soltanto sulla carta.

Se il mondo è una mappa (e soltanto perché il mondo è una mappa), destra e sinistra, occidente e oriente sono direzioni stabili e univoche, come per tutta l'epoca moderna in effetti sono state. Ma la globalizzazione, qualunque cosa con essa si voglia intendere, implica comunque e anzitutto la comprensione letterale del termine, e significa prima d'altro che non è più possibile contare, nel rapporto con la realtà, sulla potentissima mediazione cartografica che, riducendo ad un piano la sfera terrestre, ha fin qui permesso di evitare di fare i conti con la Terra così come essa davvero è, con il globo.

Ma se il mondo è un globo le direzioni non corrispondono più a relazioni fisse tra una parte e l'altra ma sono invece indicazioni mobili ed intercambiabili, a seconda di come si sposta il soggetto, che davanti alla carta resta immobile ma al cospetto del globo è invece costretto a muoversi. Proprio perché questi conti non possiamo più rimandarli, dobbiamo allora urgentemente iniziare a reinventare la Terra stessa, attraverso altre logiche e altri modelli, anche se oggi è molto più difficile – come avrebbe detto Kant – «orientarsi nel pensare»: in nome di tutti gli esseri umani che tenendosi per mano continuano a girare in tondo e sono l'umanità.

Questo volume è stato stampato
su carta Arena Ivory Smooth
delle Cartiere Fedrigoni
nel mese di febbraio 2021

Stampa: Officine Grafiche soc. coop., Palermo

Legatura: LE.I.MA. s.r.l., Palermo

La nuova diagonale

1 Karl Kerényi. Corrispondenza con Hermann Hesse
2 Corrado Alvaro. Cara Laura
3 Nico Perrone. De Gasperi e l'America
4 Stanislaw M. Ulam. Avventure di un matematico
5 Diana De Rosa. Il baule di Giovanna. Storie di abbandoni e infanticidi
6 Ursula Burkowski. Pianto nell'oscurità
7 Hans Sahl. L'esilio nell'esilio
8 Riccardo Faucci. L'economista scomodo
9 La famiglia Schopenhauer
10 Renzo Segre. Venti mesi
11 Louise d'Épinay e Ferdinando Galiani. Epistolario (1769-1782)
12 Domenico Rosati. Biografia del centrosinistra
13 Carla Pekelis. La mia versione dei fatti
14 Antonio Gramsci. Lettere dal carcere
15 Sebastiano Aglianò. Che cos'è questa Sicilia?
16 Richard Price. Considerazioni sull'importanza della rivoluzione americana
17 George Cornewall Lewis. Qual è la miglior forma di governo?
18 Renzo Tomatis. La rielezione
19 Anonimo napoletano. Garibaldi o La conquista delle Due Sicilie
20 Angelo Morino. Il cinese e Marguerite
21 AA.VV. L'alba della Sicilia
22 Elio Schmitz. Diario
23 Julie de Lespinasse. Lettere d'amore
24 Peggy Pond Church. A cena da Edith
25 Regula Engel. Memorie di una amazzone in epoca napoleonica
26 Un'attrice e il suo tempo. Lettere di Adrienne Le Couvreur. 1720-1730
27 Tra amiche. La corrispondenza di Hannah Arendt e Mary McCarthy. 1949-1975
28 Ugo Martegani. Il cappello del banchiere
29 Un'amicizia senza corpo. La corrispondenza Parisot-Savinio. 1938-1952
30 Enzo Carra. Il caso Citaristi
31 Giuseppe Majorana. Il Grand Tour. Lettere alla famiglia. 1890
32 Carlo Broschi Farinelli. La solitudine amica. Lettere al conte Sicinio Pepoli
33 Richard J. Evans. In difesa della storia
34 Ersilia Salvato. Parole del mio tempo
35 François Fejtö - Maurizio Serra. Il passeggero del secolo
36 Francesco Ingrao. La bandiera degli elettori italiani

37 Vittorio Nisticò. Accadeva in Sicilia. Gli anni ruggenti dell'«Ora» di Palermo
38 Hans Gustav Keller. La «Giovine Europa». Studio sulla storia dell'idea federalistica e di quella nazionale
39 Konstantin Michailović di Ostrovica. Cronaca turca ovvero Memorie di un giannizzero
40 Helen Langdon. Caravaggio
41 Heinrich Neuhaus. Riflessioni, memorie, diari
42 Beppe Benvenuto. Elzeviro
43 Cinzio Violante. Le contraddizioni della storia. Dialogo con Cosimo Damiano Fonseca
44 Maurizio Serra. L'inquilino del Quai d'Orsay
45 Gianni Parisi. Storia capovolta
46 Barrington Moore Jr. Le origini religiose della persecuzione nella storia
47 Gianni Puglisi, Paolo Proietti. Le città di carta
48 Angélique Arnauld. Relazione su Port-Royal
49 Marcel Reich-Ranicki. La mia vita
50 Roger Caillois, Victoria Ocampo. Corrispondenza. 1939-1978
51 Enzo Ferrieri. Sul filo della memoria
52 Bobo Craxi, Gianni Pennacchi. Ruote El Fawara Hammamet
53 Sara Cabibbo. Santa Rosalia tra terra e cielo
54 Maria Occhipinti. Una donna libera
55 Lettere dall'Europa. Un secolo di corrispondenza al femminile
56 Beppe Benvenuto. La malinconia del critico
57 Rachele Ferrario. Lo scrittore che dipinse l'atomo. Vita di René Paresce da Palermo a Parigi
58 Edmond de Goncourt. La casa di un artista
59 Maria Grazia Accorsi. Personaggi letterari a tavola e in cucina
60 Maria José de Lancastre. Con un sogno nel bagaglio. Un viaggio di Pirandello in Portogallo
61 Enzo Roggi. Le autoblinde del Formalismo
62 Gioacchino Volpe. Lettere dall'Italia perduta. 1944-1945
63 Joseph Addison, Richard Steele. Parlando di donne. Lettere a un quotidiano inglese del '700
64 Anatole France. Il Castello di Vaux-le-Vicomte
65 François Fejtö. Dio, l'uomo e il diavolo
66 Beppe Benvenuto. A margine
67 Elisabetta Grande. Il terzo strike. La prigione in America
68 Piero Violante. Eredità della musica
69 Francesco Renda. Autobiografia politica
70 Maria Grazia Accorsi. Frittate d'autore
71 Marco Follini. La volpe e il leone. Etica e politica nell'Italia che cambia
72 Silvia Rosselli. Gli otto venti
73 Andrea Vitello. Giuseppe Tomasi di Lampedusa
74 Anthony Trollope. Un'autobiografia
75 Giovanni Iudica. Il principe dei musici. Carlo Gesualdo da Venosa
76 Simone Candela. I Florio
77 Piero Violante. I papillons di Brahms
78 Carlo Muscetta. L'erranza. Memorie in forma di lettere
79 François Fejtö. Ricordi. Da Budapest a Parigi
80 Giovanni Iudica. La Valle del Vecchio

81 Antonio Calabrò. Cuore di cactus
82 John Soane. Per una storia della mia casa
83 Edmond e Jules de Goncourt. La donna nel XVIII secolo
84 Giuliana Saladino. Chissà come chiameremo questi anni
85 Tzvetan Todorov. Una vita da passatore. Conversazione con Catherine Portevin
86 Alexander Langer. Il viaggiatore leggero. Scritti 1961-1995
87 Giovanni Maccari. Gli occhiali sul naso. Vita romanzesca dello scrittore Isaak Babel' e dei suoi anni tempestosi
88 Giovanni Iudica. Il cappello dell'ammiraglio
89 Davide Camarrone. I Maestri di Gibellina
90 Brunella Diddi, Stella Sofri. Roma 1849. Gli stranieri nei giorni della Repubblica
91 Ilma Rakusa. Il mare che bagna i pensieri
92 Giacomo Debenedetti. Preludi. Le note editoriali alla «Biblioteca delle Silerchie»
93 Luca Scarlini. Il Caravaggio rubato. Mito e cronaca di un furto
94 Masolino d'Amico. Persone speciali
95 Ildegarda di Bingen. Cause e cure delle infermità
96 Gian Biagio Conte. Memoria dei poeti e sistema letterario. Catullo, Virgilio, Ovidio, Lucano
97 Varian Fry. Consegna su richiesta. Marsiglia 1940-1941. Artisti, dissidenti ed ebrei in fuga dai nazisti
98 Klaus Wagenbach. La libertà dell'editore. Memorie, discorsi, stoccate
99 Aleksander Watt. Il mio secolo. Memorie e discorsi con Czesław Miłosz
100 Salvo Licata. Storie e cronache della città sotterranea
101 Francesca Sgorbati Bosi. Guida pettegola al Settecento francese
102 Danilo Dolci. Inchiesta a Palermo
103 Claudio Strinati. Il mestiere dell'artista. Dal Trecento al Seicento
104 Antonio Riccardi. Cosmo più servizi. Divagazioni su artisti, diorami, cimiteri e vecchie zie rimaste signorine
105 Pier Luigi Vercesi. Ne ammazza più la penna. Storie d'Italia vissute nelle redazioni dei giornali
106 Francesca Sgorbati Bosi. Guida pettegola al teatro francese del Settecento
107 Promessi sposi d'autore. Un cantiere letterario per Luchino Visconti
108 La Mecca rivelata. Avventure di esploratori europei nelle città sacre dell'Islam
109 Andrea Camilleri. Il quadro delle meraviglie. Scritti per teatro, radio, musica, cinema
110 Leonetta Cecchi Pieraccini. Agendine 1911-1929
111 Uwe-Karsten Heye. I Benjamin. Una famiglia tedesca
112 Walter Kempowski. Lei ha mai visto Hitler?
113 Gianni Sofri. Gandhi fra Oriente e Occidente